W0230984

LEAD THE FUTURE – SHAPE YOUR BRAND

Inhalt

*What will be
more important
in the future,
the right skill set
or mindset?*

PROLOG: READ, POST AND LEAD

»There is No B2B or B2C Anymore:
It's Human to Human #H2H.«
BRYAN KRAMER

Unser Leben ist spannend, weil sich das Kleine im Großen zeigt – und umgekehrt. Wir lauschen Keynotes über die Folgen der Digitalisierung und fühlen uns abgeschnitten und unwohl, weil wir im Konferenzraum gerade keinen Handyempfang haben. Wir wollen die Arbeits- und Organisationsprozesse im Unternehmen mehr auf die Bedürfnisse der Mitarbeiter abstimmen und ärgern uns, wenn um 09.00 Uhr keiner ans Telefon geht. Wir reden von Führung auf Augenhöhe und finden es trotzdem unheimlich, wenn wir feststellen, dass die jungen Teammitglieder nicht nur über alle Wettbewerber Bescheid wissen, sondern auch das Thema unserer Diplomarbeit kennen.

All die neuen Freiheiten und Möglichkeiten, die uns neue Technologien, neues Denken und grenzüberschreitendes Arbeiten bieten, tragen immer auch ihr Gegenteil in sich: Mehr Freiheit verlangt mehr (Selbst-)Disziplin, mehr Nähe erfordert mehr Abgrenzung, mehr Auswahl braucht mehr Eingrenzung. Und mittendrin stehen Sie als Business Leader und spüren: Sie müssen nicht nur viel mehr machen als bisher, um erfolgreich zu sein. Sie müssen auch noch alles anders machen.

Seit es Führungskräfte gibt, gibt es auch Ratgeber für Führungskräfte. In Büchern, Vorträgen, Zeitschriften, Seminaren und Podcasts erklären sie uns, wie wir Menschen besser motivieren, entwickeln und dirigieren können. Und immer wieder werden neue Ansätze und neue Erfolgsgeheimnisse beschworen. Hat sich Führung wirklich geändert? Mit Sicherheit. Und wie? Im Kleinen wie im Großen.

In der Zeit, in der ich dieses Buch geschrieben habe, haben sich in zwei deutschen Weltkonzernen zwei Führungskräfte verabschiedet: SAP-CEO Bill McDermott wechselte nach zehn Jahren an der Spitze des deutschen Softwaregiganten zum kleineren Cloud-Anbieter ServiceNow. Auch bei der Telekom-Tochter T-Mobile US wurde ein Führungswechsel angekündigt: Im Mai 2020 wird der aktuelle COO Mike Sievert den charismatischen T-Mobile-Chef John Legere ablösen. Beide, John Legere und Bill McDermott, dienen mir auf den folgenden Seiten als Vorbild und Role Model für eine neue Art von Leadership: selbstbewusst, offen und »connected«. Beide haben den Börsenwert ihrer Unternehmen beträchtlich gesteigert.

Die Ankündigungen Bill McDermotts und John Legeres führten in den sozialen Medien zu einem Twitter-, LinkedIn- und Facebook-Gewitter. In Sekundenschnelle gingen die Nachrichten um die Welt und sorgten für reichlich Aufmerksamkeit, Beifall, Verwirrung und Spannung.

Früher wäre der Wechsel an der Spitze dieser Unternehmen vor allem ein Thema für Wirtschaftsjournalisten gewesen, die mithilfe von Informationen der Unternehmensleitung den Personalwechsel vermeldet hätten: sachliche Notiz, Würdigung, Dank, Ausblick auf die Zukunft und Informationen über die Nachfolger – Mike Sievert bei T-Mobile, Christian Klein und Jennifer Morgan bei SAP. Und dann: Ruhe. Auch wenn hinter einem Wechsel von Top-Vorständen weder Krisen noch Unstimmigkeiten standen, war zurückhaltende Kommunikation das oberste Gebot. Mit dem Ausscheiden aus dem Amt war für den CEO zunächst einmal Stille angesagt. Nach ein paar Monaten hätte die geneigte Öffentlichkeit dann erfahren, dass der Manager oder die Managerin bei einem neuen Unternehmen angeheuert hat – unter neuer Flagge, unter neuer Marke.

Ganz anders der Fall bei Bill McDermott und John Legere. Beide Abgänge ließen in ihrer Kommunikation nicht die leiseste Spur von Unstimmigkeit oder Unzufriedenheit erkennen. So sprach die Telekom ganz bewusst von einem »weichen Führungswechsel«. Mit Mike Sievert tritt keine Verlegenheitslösung die Nachfolge an, im Gegenteil: Das *Manager Magazin* sieht den COO, der seit mehr als sieben Jahren in den USA zum T-Mobile-Führungsteam zählt, als »Mastermind im Hintergrund«. Er freut sich über den Schritt nach vorn auf seinem LinkedIn-Account: »T-Mobile ist ein unglaubliches Unternehmen mit unglaublichen Mitarbeitern – es ist eine Ehre, unsere Geschichte voranzubringen.« Das ist symptomatisch für diese Art des »weichen Führungswechsels«, der, wie ich finde, eine neue Art Leadership und eine neue Art, über Führung zu sprechen, widerspiegelt: Hier gibt es keine Verlierer. Es gibt keine Zäsur, sondern ein neues Kapitel. Der neue CEO darf sich freuen, während der Vorgänger Glückwünsche postet: nicht nur pflichtgemäß und verhalten, sondern loyal, freundschaftlich und emotional. Kein Staatsakt, eher ein Happening.

Auch Bill McDermott ließ es sich nicht nehmen, freundliche und sehr persönliche Glückwünsche an Christian Klein und Jennifer Morgan – immerhin erste Frau an der Spitze eines DAX-Konzerns – zu senden: »Jeder CEO träumt davon, ein außergewöhnlich starkes Unternehmen an die nächste Generation weiterzugeben. Heute haben wir das für SAP gemacht. Ich liebe die Leute dieser Firma. Ich könnte nicht stolzer auf das sein, was wir erreicht haben. Jennifer Morgan und Christian Klein werden hervorragend sein. Nun beginnen wir unser nächstes Kapitel!« Im Gegenzug veröffentlicht sein Nachfolgeteam auf LinkedIn einen Nachfolge-Post, in dem beide demütig feststellen, als neue CEOs »auf den Schultern von Riesen« zu stehen. Für McDermott finden sie große Worte: »Seine Führung hat SAP dazu inspiriert, das zu tun, was nur wenige für möglich gehalten haben.«

Auch als SAP wenige Tage später verkündet, dass Thomas Saueressig das neu geschaffene Vorstandsressort für »Product Engineering« übernimmt, gibt es per Twitter gefühlte Standing Ovations vom Ex-Chef: »Glückwunsch! Ein brillanter Innovator, eine brillante Führungskraft und ein Gewinner-Typ!« Bemerkenswert: McDermott sendet diese Eloge von seinem privaten Twitter-Account, den mittlerweile nicht mehr das SAP-Logo schmückt, sondern die Farben und das Logo von ServiceNow.

Bill McDermott und John Legere bleiben auch nach ihrem Ausscheiden über ihre Social-Media-Accounts vernetzt und involviert – als sichtbares Zeichen für einen »weichen Wechsel« ohne Missgunst und juristische Spielchen. Diese beiden prominenten Wechsel illustrieren aus meiner Sicht sehr deutlich eine neue Art von Führung und eine neue Art von Kommunikation: offen, ehrlich und vor allem wertschätzend und positiv über Social Media – statt getragen, nüchtern und sachlich per Pressemitteilung.

Diese Art der Kommunikation ist neu. Neu ist aber auch die Balance zwischen Organisation und Individuum. Die Nachricht lautet nicht: »Markenunternehmen trennt sich von Manager.« Die Nachricht lautet: »Neues Kapitel für die Unternehmensmarke und neues Kapitel für die CEO-Brand.« Mindestens ebenso spannend wie die Zukunft der Unternehmen ist die nächste Station der Top-Führungskraft – zum Beispiel für McDermott, der seinem in vielen Jahren sorgfältig aufgebauten Image als »Salesman«-CEO an neuer Wirkungsstätte treu bleiben wird: Auch das ist ein neues Kapitel. Nicht nur seine Entscheidungen und Bewertungen haben SAP in zehn Jahren eine satte Rendite eingebracht, sondern auch seine eigene Marke, die dem Konzern Gesicht, Charakter und Ausdruck gegeben hat. Diese CEO-Brand wandert nun zum nächsten Unternehmen.

McDermott ist mehr als der Ex-CEO eines deutschen Softwarekonzerns. McDermott ist McDermott. Und John Legere ist John Legere: Als »One-Man-Marketingmaschine« beschreibt ihn das Wirtschaftsmagazin *Capital*: »Er ist einer der schrägsten Manager der Welt, und einer der erfolgreichsten dazu.« Kein Wunder, dass unendlich viele Tweets und Posts im Netz sich um die Frage drehen, wohin es den Paradiesvogel unter den Managern wohl ziehen und welches Unternehmen von seiner Unverwechselbarkeit und Anziehungskraft profitieren wird.

So unterschiedlich diese beiden CEOs auch sind – hier der smarte Vertriebler, dort der schräge Regelbrecher –, beide verkörpern einen völlig neuen Leader-Typus: Sie kommunizieren nicht ihre Erfolge, sondern sind erfolgreich, weil sie kommunizieren. Ihre Tweets, Posts und Videos sind kein Zeitvertreib, kein Schabernack, kein Selbstzweck. Sie nutzen jede Gelegenheit, um Optimismus, Elan und Lebensfreude zu vermitteln – Freude am Unternehmen, Freude an Produkten, Freude an Beziehungen, Vorfreude auf die Zukunft. Deshalb fällt es ihnen leicht, ihr Unternehmen in den höchsten Tönen zu loben – auch dann, wenn sie bald gar nicht mehr auf der Payroll stehen. Und es ist ihnen wichtig – weil sie erkannt haben, wie entscheidend im 21. Jahrhundert Vernetzung ist: die lukrativste Währung für Führungskräfte.

Immer mehr Top-Leader erkennen, wie sehr sie sich und ihren Führungsstil ändern müssen, wenn sie im Social-Media-Zeitalter Erfolg haben wollen. Sie spüren, dass es immer mehr ihre Aufgabe wird, kluge Köpfe anzuziehen, um Vertrauen bei den Kunden zu werben und mit Pioniergeist und kindlichem Staunen die Lernkurve des Unternehmens hoch zu halten. Immer klarer erkennen sie: Ihre LinkedIn-, Twitter oder Instagram-Accounts sind mehr als Distributionskanäle für Pressemitteilungen. Sie sind ihre ganz persönlichen Tools, mit deren Hilfe sie sich vernetzen und austauschen. Vor allem sind sie ihr ganz persönliches Leadership-Cockpit: Hier können sie an den entscheidenden Reglern und Knöpfen drehen, die ihre Wirkung als Führungskraft bestimmen: ihre Ausstrahlung, ihre Begeisterungsfähigkeit, ihre Vertrauenswürdigkeit, ihre Lernfähigkeit und ihre Unverwechselbarkeit. Kurz: ihre Leadership Brand.

Als Topmanager müssen Sie Marke sein, wenn Sie Gehör, Vertrauen und Gefolgschaft finden wollen. Deshalb findet der Gedanke des »Leadership Branding« immer mehr Anklang unter Führungskräften, Führungskräfte-Coaches, Trainern und Beratern. Entsprechend schnell wächst das Angebot an Büchern, Studien und Trainings. Oft bleiben die Ausführungen und Ratschläge allerdings abstrakt und allgemein. In der Theorie ganz überzeugend – aber wie genau schafft man es, 10.000 Follower auf Twitter zu bekommen? Und wann ist die beste Zeit für einen LinkedIn-Post? Auf Fragen wie diese schweigen sich viele Führungsratgeber oft aus und die Trainer und Coaches zucken mit den Schultern. Viele Marketing-Ratgeber und -Consultants wiederum bieten gute Ratschläge und praktische Anleitungen, schlagen aber selten die Brücke zwischen

Kommunizieren und Führen. Beides lässt sich aber nicht trennen: Für den Social CEO sind Twitter & Co. Leadership-Tools. Darum geht es in diesem Buch: Wie Sie als CEO, Topmanager und Business Leader Ihre Brand in den sozialen Medien definieren, schärfen und nutzen.

Viel wird darüber geschrieben, wie soziale Medien unsere Gesellschaft verändern – zum Guten wie zum Schlechten. Aber viele Untersuchungen, Berichte und Kommentare werden dem wahren Charakter dieser neuen digitalen Plattformen nicht gerecht, weil sie die Menschen, die sie nutzen, zumeist als Publikum beschreiben. Wir nutzen Facebook, LinkedIn & Co. nicht nur, um Nachrichten zu rezipieren, wir nutzen sie, um unsere Meinung zu vertreten, unser Wissen zu teilen und uns darzustellen. Und vielleicht noch wichtiger: Wir nutzen sie, um eine neue Form von uns selbst auszuprobieren. Das ist stark. Das entfaltet Wirkung.

Ich habe mich schon immer von allem Digitalen und neuen Trends faszinieren lassen. Diese Begeisterung möchte ich auf den folgenden Seiten gerne mit Ihnen teilen. Als Tochter eines Forschungsdirektors habe ich mich schon früh vom Zauber neuer Technologien, PCs und Software fesseln lassen. Mit unserem ersten Atari ST entdeckte ich die Möglichkeit, mich selbst spielerisch auszuprobieren, zum Beispiel bei ersten Programmierversuchen und Reisen durch die verschiedenen Levels der Computerspiele, die die Welt der Personal Computer damals zu bieten hatte. Seitdem begleitet mich eine Erfahrung, die immer noch Gültigkeit hat, auch wenn Atari, C64, Floppy Disks und Pac-Man längst im Museum der digitalen Geschichte gelandet sind: Computer bieten uns die wertvolle Möglichkeit, uns immer wieder neu auszuprobieren, uns neu zu erleben und neue Wege zu gehen. Und: Fehler gehören dazu, bringen uns voran.

Diese Lust am Ausprobieren möchte ich Ihnen gerne auf den nächsten Seiten vermitteln: Social Media sind für Business Leader ein steter Impuls des »Werde, der du bist!«. Mit meinem Team von vision2brand biete ich seit geraumer Zeit strategische Unterstützung für Topmanager, die die Chancen der neuen Medien für sich erkannt haben: Für sie gestalten wir eine authentische Onlinepräsenz, die sie durchgängig mit ihrer Stimme sprechen lassen, und nutzen die Kraft des Personal Branding. In vielen Gesprächen schärfen wir das Bewusstsein für die Bedeutung der eigenen Marke. Nur wenn hinter einem Post und einem Tweet eine klare Haltung und Überzeugung zu erkennen sind, zahlt er auf die eigene Marke ein. Markenaufbau klappt nicht von heute auf morgen. Aber im Netz geht es weit wirkungsvoller. Viele Erkenntnisse aus diesen Gesprächen und aus der Zusammenarbeit mit CEOs sind direkt in dieses Buch geflossen.

Ich lade Sie ein zu einer Tour durch die neue Welt der sozialen Medien. Entdecken Sie, wie Sie als CEO, Topmanager und Business Leader ein neues Mindset entwickeln, neue Kommunikationsmuster testen und viele neue Partner gewinnen können. Blicken Sie mit mir auf die Social-Media-Strategien von Top-CEOs wie Satya Nadella, Adena Friedman oder Joe Kaeser. Sammeln Sie neue Ideen, um Ihre Social-Media-Accounts mit Leben zu füllen. Machen Sie Ihre Kompetenz sichtbar und verschaffen Sie Ihrem Unternehmen einen wichtigen Vorsprung. Bringen Sie sich ins Gespräch, bevor andere es tun: Shape your brand and make a difference! Der Erfolg wird sich zeigen – im Großen wie im Kleinen.

Ihre Oxana Zeitler

1

VISION, VOICE
AND CONFIDENCE

Wie der ganzheitliche Auftritt CEOs zu starken Marken macht

*»People who are truly strong lift others up.
People who are truly powerful bring others together.«*
MICHELLE OBAMA

Ein Bild ging um die Welt: Drei Männer in einer Menschenmenge. Zufrieden, beseelt, erleichtert. Vor und hinter ihnen hochgestreckte Handys, die diesen Moment für immer festhalten: 4. Februar 2014. Der Softwarekonzern Microsoft erhält seinen neuen CEO. In der Mitte steht er: Satya Nadella, 47 Jahre, seit diesem Tag einer der wichtigsten Menschen der Weltwirtschaft. Er strahlt: glücklich, aufgeregt, aber auch etwas verlegen. Fast wie ein kleiner Junge am ersten Schultag. Neben ihm Bill Gates, der Gründer und Innovator. Seine Arme hat er locker über dem bequem sitzenden Pullover verschränkt, seine Augen lächeln Nadella aufmunternd zu. Auf der anderen Seite steht Steve Ballmer, der verschmitzt das Kinn auf die Handfläche stützt: Er, der erste Angestellte, der Motivator, der Boss, zieht sich nun zurück, um sich fortan dem Basketballteam der LA Clippers zu widmen, das er gerade für zwei Milliarden Dollar übernommen hat.

Dieser Moment ist ohne Zweifel ein historisches Ereignis   in der Unternehmensgeschichte von Microsoft ebenso wie für die gesamte Softwareindustrie: Vierzig Jahre nach der Unternehmensgründung tritt der dritte CEO nach Bill Gates und Steve Ballmer den Dienst an. Ein Stabwechsel, ein Einschnitt, eine Zäsur, der Anfang eines neuen Kapitels. Zugleich ein Übergang und eine Fortschreibung des Erfolgs. Und wie wird dieser prägende Augenblick ins Bild gesetzt? Erstaunlich unprätentiös. Keine Krawatten, keine Anzüge, kein professionell ausgeleuchtetes Podium, keine Blumen, kein ostentatives Händeschütteln im Blitzlichtgewitter. Auch kein Banner mit Firmenlogo im Hintergrund. Die ganze Szene wirkt improvisiert, vertraulich. Ein Schnappschuss, kein Pressefoto. Ein spontanes Treffen, kein Staatsakt. Und genau so soll es auch wirken. Genau deshalb geht es so schnell um die Welt.

Als Satya Nadella drei Jahre später in seinem Buch »Hit Refresh« eine erste Bilanz seines Wirkens als Microsoft-CEO zieht, stellt er dem Text dieses Bild voran. Es zeigt wie kein anderes auf einen Blick, worauf es ihm ankommt, was ihn ausmacht, was er vorhat. Seine Mission, sein Potenzial und sein Wert für das Unternehmen Microsoft lassen sich in diesem Bild ablesen, das zeigt, wie er Seite an Seite mit seinen Vorgängern und Mentoren den Schritt in die Kommandozentrale wagt. Ein Bild wie aus einem Familienalbum – und genau darum geht es dem jungen CEO. Es sei an der Zeit, erklärt er den Mitarbeiterinnen und Mitarbeitern im Studio D des Microsoft-Campus in Redmond, dass Microsoft seine Seele wiederfände: »Das, was uns einzigartig macht.« Seine erste Aufgabe sieht er darin, die Kultur des Unternehmens zu entwickeln. Für ihn steht das »C« in CEO für »Culture«, also für »Kultur«. Deshalb ist es kein Zufall, dass er den bis dahin wichtigsten Schritt seiner Karriere mit einem Bild wie aus einem Familienalbum festhält. Für ihn ist Microsoft eine Familie.

Wenn Nadella als CEO erfolgreich sein und den Softwaregiganten vom Windows- in das Cloud-Zeitalter navigieren will, muss er nicht Zahlen und Produkte managen, sondern Menschen bewegen und Vertrauen gewinnen. Dazu braucht er mehr als Sachverstand und Managementkompetenz: eine klare Vision und eine ausgeprägte Mentalität, die ihn stimmig handeln lässt und hilft, mutige Entscheidungen zu treffen. Diese Mentalität – wir können auch den momentan so beliebten Begriff »Mindset« benutzen – ist nicht angeboren. Satya Nadella hat im beruflichen wie im privaten Leben eine Haltung entwickelt, die ihn als CEO zweifelsfrei positioniert und unverwechselbar macht. Er lebt seine Leadership Brand und wird nicht müde, diese Marke auf allen Kanälen zu pflegen und ihr Ausdruck zu verleihen. Sie hat ihn zum CEO gemacht und hilft ihm, die Transformation eines Weltunternehmens in dem Tempo voranzutreiben, das er für unabdingbar hält. Weil Satya Nadella nicht zwischen seiner Person und seiner Aufgabe, seinem öffentlichen und seinem privaten Ich unterscheidet, fällt es ihm leicht, sich in verschiedenen Medien zu äußern und Stellung zu beziehen. Diese offene Kommunikation seines Selbstbildes, seiner Werte, auch seiner Zweifel und Fehler wiederum erlaubt es ihm, zu lernen und seine Führungsrolle jeden Tag bewusst anzunehmen und auszufüllen. Sein Umgang mit den sozialen Medien, sein Auftreten vor Mitarbeitern wie vor Aktionären ist beispielhaft. Es lohnt sich, Satya Nadella genauer in den Blick zu nehmen, um zu lernen, wie ganzheitliches Auftreten einen CEO unverwechselbar macht. Das Geheimnis seiner starken Positionierung liegt aber nicht in der geschliffenen Formulierung von Tweets oder dem geschickten Timing von LinkedIn-Posts. Satya Nadella ist ein Role Model. Er ist echt, offen und hat ein klares Ziel vor Augen, das über die

Entwicklung und den Verkauf von Software hinausgeht. Das erlaubt es ihm, in einer einfachen, warmen und emotionalen Sprache über Business und Technik zu sprechen. Damit erreicht er Mitarbeiter, Aktionäre, Journalisten und Kunden gleichermaßen. Nadella hat die Spitze von Microsoft erklommen und dem Softwaregiganten neues Leben eingehaucht. Das alles hat er nur geschafft, weil er zu der Marke wurde, die er werden wollte.

Vision: Nach innen hören, nach außen wirken

Mit Steve Ballmer verabschiedete sich 2014 eine Ikone. Ein Heißsporn, ein Uli Hoeneß der Softwareindustrie. Legendär ist die Geschichte, nach der er einmal einen Stuhl quer durch ein Büro geworfen haben soll, als ihm ein Mitarbeiter gestand, zu Google wechseln zu wollen. Später hat Ballmer diese Episode zwar als stark übertrieben bezeichnet – wirklich abgestritten hat er sie jedoch nie.

Ballmer, der Kämpfer und Polterer, musste sich 2014 eingestehen und nachsagen lassen, mit Microsoft den Anschluss verpasst und einzigartige Erfolgschancen übersehen zu haben. Vorbei die Zeiten, in denen der Betriebssystem-Monopolist das Computer-, Wirtschafts- und Weltgeschehen nach Belieben prägen konnte. Zwar war Windows immer noch eine Macht. Aber den Trend zu Smartphones, Tablets und anderen mobilen Geräten hatte Ballmer eindeutig verpasst. Der Kauf des angeschlagenen Handyherstellers Nokia war kein Befreiungsschlag, sondern ein Fiasko. Microsoft lebte noch, glänzen aber konnten andere: Google, Facebook, Amazon. Apple sowieso. Ballmers Strategie, mit Wucht in den Hardwaremarkt einzusteigen, ging ziemlich schnell die Luft aus. Eigenentwicklungen wie das Tablet »Surface« hatten die Investoren nicht überzeugen können. Sie wünschten sich einen Neuanfang, ein »Reset«, ein Wiederhochfahren des Softwaregiganten zu alter Stärke. Die neuen Möglichkeiten waren am Horizont längst aufgetaucht: Cloud-Technologien, Software as a Service, künstliche Intelligenz. Es brauchte nur jemanden, der kraftvoll zupacken konnte.

Der Visionär Satya Nadella, der bei Microsoft ebenso für die Suchmaschine Bing wie für das Cloud-Geschäft verantwortlich war, brachte zweifelsohne die technische Vorstellungskraft und das notwendige Know-how mit, um eine

»Mobile First«- und »Cloud First«-Idee für den angeschlagenen Riesen zu entwickeln. Aber taugte der schmächtige Techie mit der Nerd-Brille auch zur Führungskraft? Hatte er die Kraft und Leidenschaft, um ein Ruder herumzureißen, das selbst ein Energiebündel wie Ballmer nicht mehr halten konnte? Stallgeruch aus zwanzig Jahren Arbeit bei Microsoft zeugen zwar von Loyalität und guter Passung zum Unternehmen. Aber vielleicht ist es gerade diese Prägung, die den internen Kandidaten eher zur Fehlbesetzung macht? Ein knappes halbes Jahr hatten Bill Gates und Steve Ballmer nach einem Nachfolger gesucht. Die verschiedensten Namen waren im Gespräch. Viele Investoren hatten sich bereits im Vorfeld gegen eine interne Lösung ausgesprochen, gegen ein »Weiter so« und den Aufstieg eines Insiders, dem es an Kraft und Zauber des Neuanfangs fehlen könnte. Dann fiel die Entscheidung doch auf das Eigengewächs: auf den sympathischen Informatiker aus dem indischen Hyderabad. Ohne Frage ein Sympathieträger. Aber auch ein Leader?

Herkulesaufgabe eines CEOs: Antworten liefern

Nadella war sich der Herkulesaufgabe bewusst: Er musste Antworten liefern, die Ballmer nicht mehr hatte. Diese Antworten mussten auf einer tiefen Überzeugung gründen, die ihn als CEO ausmachen und ihm Kraft, Sicherheit und Klarheit verleihen. Er brauchte von Anfang an mehr als Ideen für Produkte und Konzepte für neue Technik. Seine Vorstellung davon, was Microsoft kann und wie er dazu beitragen kann, dieses Potenzial zu heben, musste viel, viel tiefer gehen. Wenn er nicht von Anfang an einem Informatiker in Seattle oder einem Banker in Frankfurt oder Singapur klarmachen konnte, wie er Microsoft in das Cloud-Zeitalter führen wollte, stand er auf verlorenem Posten. Die Zweifler, Skeptiker und Schwarzmaler warteten nur auf ihre Chance, Niederlagen zu konstatieren, die sie angeblich schon immer vorausgesagt hatten. Dazu gesellten sich die Ellbogenausfahrer, Grabenkämpfer und Siloarchitekten. Microsoft war in seinen vierzig Jahren vom Garagenunternehmen zu einem El Dorado der Management-Auswüchse geworden: Konkurrenz, Missgunst und Egoismus. Schwer zu sagen, was zuerst da war und was sich mehr befruchtete: die Krankheit der Organisation oder der Abstieg der Marken und Produkte. Während Apple eifrig iPhones verkaufte, Facebook zum weltweiten Social Network avancierte und Amazon alle Konkurrenten hinter sich ließ, musste Microsoft nahezu hilflos registrieren, dass das Interesse am damals neuesten Betriebssystem Windows 8 die gesteckten Erwartungen nicht annähernd erfüllen konnte. Nicht nur Analysten und Experten, auch die eigenen Mitarbeiter sprachen dem Unternehmen in Umfragen die Innovationsfähigkeit ab. Ein Teufelskreis, der sich nur mit einem Element aufhalten und durchbrechen lässt: Hoffnung.

»Die erste Aufgabe bestand darin, neue Hoffnung zu wecken.
Das war Tag eins unserer Transformation – ich wusste,
sie musste von innen kommen.«
Satya Nadella

Hoffnung ist keine Frage der Arithmetik. Hoffnung ist eine Frage der Kultur. Deshalb nahm sich Nadella ab Tag eins seines CEO-Lebens eines ganz fest vor: Refresh – einen Kulturwandel im Schleudergang, der alles neu aufbaut und trotzdem an Altes und Bewährtes anschließen kann. »Die erste Aufgabe bestand darin, neue Hoffnung zu wecken. Das war Tag eins unserer Transformation – ich wusste, sie musste von innen kommen.«

Für diesen Anstoß von innen gibt es keine zweite Chance. Der erste Auftritt, die ersten Worte, Gesten und Blicke, alles muss sitzen. Nadella hatte einen Plan. Er ging in die Vollen. An seine Mitarbeiter schrieb er: »Heute ist ein demutgebietender Tag für mich.«

Kern einer Leadership-Marke: Demut

»Ideen finde ich aufregend.
Empathie ist mein Anker und mein Zentrum.«
Satya Nadella

Demut ist für Satya Nadella kein Habitus und kein Gehabe. Seine aufregende Lebensgeschichte, seine Liebe zu seiner Familie, seine Faszination für Technik und sein unerschütterlicher Fortschrittglaube haben am Ende Bill Gates und Steve Ballmer mehr überzeugt als sein Abschluss in Informatik und seine Microsoft-Erfolge mit Bing und Windows NT. Demut ist der Kern von Nadellas Leadership-Marke. Zuhören definiert er für sich als wichtigste Aufgabe. Der Schlüssel zu Produktinnovationen sucht er im Gespräch. Er will die Bedürfnisse der Menschen kennenlernen und verstehen. Seinen Lebenszweck sieht er darin, ein tiefes Gefühl der Empathie für andere Menschen zu entwickeln. Mit diesem kleinen Wort hatte Satya Nadella bereits den Code gefunden, der ihn als Führungskraft nahbar, vertrauenswürdig und unverwechselbar macht: Empathie. Bill Gates stand für Weitsicht, Steve Ballmer für Tatkraft, Jack Welch für Siegermentalität und Steve Jobs für Perfektion. Satya Nadella, der Humanist mit Informatik-Diplom, steht für Einfühlungsvermögen. Er huldigt einer Kunst, in der der Programmierer, Manager und nicht zuletzt der Mensch Satya Nadella verschmelzen: »Ideen finde ich aufregend. Empathie ist mein Anker und mein Zentrum.«

Nadella war 21, als er vom indischen Hyderabad in die USA zog. 1992 landete er bei Microsoft und machte rasch Karriere in dem Konzern, den er liebevoll »Familie« nennt. Dieses Wort hat für ihn Gewicht, denn sein Charakter, sein Wesen und seine Führungsstärke gewann er nicht nur im Berufs-, sondern auch – oder vielleicht besser: vor allem – im Privatleben.

> *»Sobald man sich mit der Vergänglichkeit des Lebens abgefunden hat,*
> *kann man mehr Gelassenheit entwickeln. Das Auf und Ab des Lebens bringt*
> *einen dann nicht so schnell aus der Fassung.«*
> Satya Nadella

Die Ehe mit seiner Frau Anupama war lange Jahre von den Schwierigkeiten einer Fernbeziehung geprägt, weil die junge Architektin keine Aufenthaltsgenehmigung für die USA bekommen konnte. Ihr erstes Kind kam mit einer Sauerstoffunterversorgung zur Welt. Es muss lebenslang von den Eltern betreut werden. Direkt nach der Geburt begann für die Eltern eine Odyssee zwischen Notaufnahmen und Spezialkliniken, die ihnen alles abverlangte. Heute spricht Nadella offen über die emotionale Herausforderung, die die Geburt seines Sohnes Zain für ihn bedeutete. Er hat gelernt, von sich selbst Abstand zu nehmen. Er sucht kein Mitleid, will sich mit den Einblicken ins Private nicht interessant machen. Vielmehr öffnet er den Blick nach innen, um zu erklären, warum ihm Empathie so wichtig ist, wie er sie entwickelt hat und wie er sie als Führungskraft für Microsoft einsetzen kann: »Sobald man sich mit der Vergänglichkeit des Lebens abgefunden hat, kann man mehr Gelassenheit entwickeln. Das Auf und Ab des Lebens bringt einen dann nicht so schnell aus der Fassung. Erst dann ist man imstande, ein tiefes Gefühl der Empathie und des Mitgefühls für alles Lebende zu entwickeln.«

Der Informatiker in ihm fand Gefallen an dieser übersichtlichen Handlungsanweisung für das Leben und Führen. Seine familiäre Situation, die Liebe zu seinem Sohn und seine Aufgaben und Herausforderungen als Vater haben ihn seine Passion erkennen und seine Vision finden lassen: »Meine größte Befriedigung ziehe ich aus meinem leidenschaftlichen Bemühen, Menschen mit Einschränkungen immer besseren Zugang zu Technologien zu ermöglichen und ihr Leben auf unendlich viele Arten zu bereichern.« Diese Leidenschaft hilft ihm, als CEO das abzuliefern, was von ihm erwartet wird: Motivation, Inspiration, Energie. Zudem kann er es sich erlauben, große Worte zu wählen, um großen Gefühlen Ausdruck zu verleihen. Für ihn ist Microsoft eine »Familie«, die ihre »Seele« wiederfinden muss: als ein Unternehmen, »das jedem Menschen und jeder Organisation leistungsstarke Technologie zur Verfügung stellt – das Technologie demokratisiert«.

Mit dieser Vision des »Refresh« knüpft Nadella an die Gründungsmythen rund um Microsoft an, als Bill Gates und Steve Ballmer das Ziel »Ein Computer auf jedem Schreibtisch und in jedem Heim« ausgaben. Sie ist klar, verständlich und faszinierend. Und sie ist vor allem eins: ehrlich und authentisch. Nadellas

Vision speist sich aus seiner Lebenserfahrung. Deshalb fällt es ihm so leicht, über sich, seine Pläne und die Zukunft von Microsoft zu sprechen. Er versprüht Elan und Überzeugungskraft, mit der er die Mitarbeiter ermuntert, sich über ihre ureigenste Motivation, ihre Passion klar zu werden und diese mit der Mission und Unternehmenskultur von Microsoft in Einklang zu bringen. Schon jetzt steht fest: In den Würdigungen, die geschrieben werden, wenn er sich von Microsoft zurückzieht, wird das Wort »Empathie« gewiss nicht fehlen.

Voice: Stimme macht Persönlichkeit

Der Applaus im Studio D des Microsoft-Campus an dem denkwürdigen Tag im September 2014 war noch nicht verhallt, da machte sich der frischgebackene Microsoft-CEO daran, seine Mitarbeiterinnen und Mitarbeiter zu bewegen und zu inspirieren:

»An diesem Tag ging es vor allem darum, den Leuten Folgendes klarzumachen: Wir mussten herausfinden, was der Welt fehlen würde, wenn Microsoft einfach verschwände. Dazu mussten wir uns selbst die Frage beantworten, worum es in diesem Unternehmen ging. Warum existieren wir?«

Nadella verzichtet von Anfang an auf Klein-Klein, er zielt auf das große Ganze. Seinem Publikum erklärt er ohne Scheu, es sei an der Zeit, dass Microsoft seine Seele wiederfände, die das Unternehmen einzigartig mache. »Seele« ist ein großes Wort – und Nadella wählt es bewusst. Worte setzen Zeichen und der junge CEO zeigt von Anfang an, dass von ihm mehr verlangt wird, als Software zu verkaufen. Vor allem verlangt er mehr von sich selbst. Für ihn bedeutet »Seele«, »Menschen zu eigenverantwortlichem Arbeiten zu befähigen, und zwar nicht nur die Individuen, sondern auch die von ihnen aufgebauten Organisationen: Schulen, Krankenhäuser, Unternehmen, Regierungseinrichtungen und Wohltätigkeitsorganisationen«.

Vom ersten Tag an nutzt Nadella Social Media, um seiner Berufung und seiner Vision von Microsoft Ausdruck zu verleihen. Er sendet seine Botschaften an Mitarbeiter und Partner ebenso wie an Aktionäre und Politiker. Er spricht für

Microsoft und über Microsoft – in einem individuellen, persönlichen Ton. Seit dem 4. Februar 2014 entsteht auf Twitter und LinkedIn ein Reservoir an Maximen, Gedanken und kurzen Essays, das über den Menschen Nadella ebenso Auskunft gibt wie über den Lenker und Gestalter des Softwaregiganten. Wenn Nadella über Unternehmensnachrichten, Besucher, Messeauftritte, Auszeichnungen und Sonstiges twittert oder auf LinkedIn schreibt, sehen und lesen wir sofort, dass hier der Mensch Nadella spricht: Sein Blickwinkel, sein Interesse und seine Gedanken verleihen den Posts Esprit und »Newsworthiness«.

Ob Nadella über einen neuen Großauftrag, den Besuch eines Politikers oder die Ehrung eines Mitarbeiters schreibt: Man spürt sofort, dass es dem Absender um mehr geht als um Technik, Produkte und Marktzahlen. Hier schreibt ein Mensch, der ein Unternehmen führen will, das »jedem Menschen und jeder Organisation leistungsstarke Technologie zur Verfügung stellt – das Technologie demokratisiert«. Dieser persönliche Antrieb ist Nadellas ureigene Versicherung gegen Kitsch, Beliebigkeit und Belanglosigkeit. Schreibt er zum Beispiel über einen Patienten mit amyotropher Lateralsklerose (ALS), der eine neue Software für Augenkontrolle nutzen kann, ist das mehr als zur Schau getragenes Mitgefühl. Es ist eine kleine Antwort auf die große Frage »Warum existieren wir überhaupt?«, ein aktueller Beleg für die Bedeutung der Werte, Visionen und Produkte von Microsoft. Und nicht zuletzt ein Zeichen der Selbstvergewisserung eines CEOs, der stark genug ist, große Ziele auszugeben, und sich zugleich stets bewusst ist, dass er im Alleingang nie erfolgreich sein wird.

Die Auswahl der Themen richtet sich nach Nadellas innerem Fahrplan: Technologie und Mensch, Führung und Empathie, Entdecken und Lernen. Er bedient sich des Text- und Bildmaterials der Kommunikationsabteilung, teilt Nachrichten der Pressestelle und leitet Posts von anderen Microsoft-Mitarbeitern weiter. Aber Nadella dupliziert nicht einfach. Seine Auswahl der Inhalte und seine persönlichen Kommentare sorgen dafür, dass die Posts und Tweets mehr sind als recycelte Unternehmensnachrichten. Sie gewähren Einblick in das CEO-Büro und geben eine Vorstellung davon, was den CEO beschäftigt, erfreut oder bedrückt.

Hinter Authentizität steckt immer (Team-)Arbeit

Die Authentizität eines CEOs ist kein Zufall. Sie ist auch nicht gottgegeben. Meistens entsteht sie im perfekten Zusammenspiel eines gut abgestimmten Teams. Gerade weil CEOs wie Satya Nadella mit Empathie führen und als Vorbild vorangehen wollen, vertrauen sie auf das Fachwissen und das Feedback von Experten. Diese helfen ihnen, aktuelle Trends und Themen aufzugreifen und zu nutzen, um für ihre langfristige Strategie zu werben und sie greifbar, fühlbar und verständlich zu machen. Zusätzlich stehen sie im Austausch mit externen und internen Kommunikationsprofis – im Fall von Satya Nadella zum Beispiel Greg Shaw, Senior Director seines Offices, der als gelernter Journalist und PR-Experte ein Händchen für die richtige Außendarstellung hat. Sie helfen Nadella und anderen Top-Executives, Vision, Stimme und Marke in Einklang zu bringen. Authentizität entsteht durch Stimmigkeit – in guten wie in schwierigen Momenten, in denen ein CEO als Mensch und Führungspersönlichkeit gefragt ist.

Kommunikation spielt die Markenmelodie – aber der CEO setzt den Grundton

Wenn die Abteilung Unternehmenskommunikation die Markenmelodie eines Unternehmens spielt, dann sollten die Social-Media-Posts des CEOs den Generalbass spielen und den Grundton festlegen. Wie das geht, zeigt zum Beispiel die Kommunikation der strategischen Allianz zwischen Microsoft und Walgreens Boots Alliance (WBA), der größten US-amerikanischen Apothekenkette. Im Januar 2019 beschlossen beide Unternehmen, in einer siebenjährigen Partnerschaft die Healthcare-Angebote und -Leistungen zu digitalisieren. Die Vereinbarung wurde zu einem Zeitpunkt unterschrieben, als WBA massiv unter Druck stand: Der Wettbewerb war enorm gestiegen, das Apothekengeschäft in Großbritannien schwächelte und das Kundenverhalten an sich hatte sich schon längst geändert. In der Onlinewelt des jungen 21. Jahrhunderts schwindet der Sonderstatus der Apotheken, den sie im 20. Jahrhundert noch genossen, immer mehr. Konzernchef Stefano Pessina musste eine Gewinnwarnung aussprechen, der Aktienkurs rauschte in die Tiefe.

In diesem Kontext ist die Nachricht über eine strategische Partnerschaft mehr als eine Aktennotiz. Sie verspricht Investoren, Kunden und Mitarbeitern neue Möglichkeiten, die Healthcare-Angebote und -Leistungen zu verbessern und zu digitalisieren. WBA und Microsoft verkünden die Partnerschaft unisono auf ihren Homepages, illustriert mit dem typischen Pressefoto, auf dem Pessina und Nadella in die Kameras lächeln. Auf dem Microsoft-Blog liefert die Branchenexpertin Xenia Giese Hintergründe und Eckpunkte des neuen Auftrags: »Mit dieser Partnerschaft wird Microsoft der strategische Cloud-Anbieter für Walgreens. Darauf basierend wird Walgreens den Großteil seiner IT-Infrastruktur auf Microsoft Azure migrieren. Es werden dabei auch neue Anwendungen sowohl für die Handels- als auch die Apotheken- und Gesundheitsbereiche bei Walgreens entwickelt und neue Funktionalitäten zur Datenablage und -auswertung auf Azure implementiert. Darüber hinaus werden diverse Altanwendungen migriert bzw. abgelöst. Walgreens wird ebenfalls die Produktivitätsplattform Microsoft 365 an über 380.000 Mitarbeiter firmenweit ausrollen, sowohl in die Zentrale als auch in die Filialen.« Das klingt nach einem Großauftrag. So weit, so gut. Dennoch fehlt der Story in dieser Art der Berichterstattung noch der Twist. Spannend geht anders.

Nadellas Wortkreation »Tech Intensity«: Technik nicht nur anwenden, sondern auch entwickeln können

Richtig interessant wird dieses Projekt erst, wenn man den LinkedIn-Beitrag Satya Nadellas vom 18. Januar 2019 hinzuzieht. In diesem Artikel nutzt er als CEO die frischgebackene Partnerschaft, um aufzuzeigen, wie Microsoft seinen Kunden helfen kann, zukunftsfit zu werden. Das heißt für das Gesundheitsunternehmen WBA: mehr Gesundheitsfürsorge bei niedrigeren Kosten. Denn nur darum geht es auf dem heiß umkämpften Healthcare-Markt. Um dieses Ziel zu erreichen, muss das Unternehmen mehr tun, als neue Technologien anzuwenden. Es muss in der Lage sein, eigene Technologie zu entwickeln. Nadella nennt das »Tech Intensity« und hat dafür auch eine einfache Formel parat:

Tech Intensity = (Tech Adoption × Tech Capability) ^ Trust

One Word Equity: Komplexe Botschaften in höchster Kompression

Mit der einfachen Formel verdeutlicht Nadella, dass erfolgreiche Digitalisierung mehr als eine Frage der Technik ist. Erst wenn neue technische Möglichkeiten wie zum Beispiel künstliche Intelligenz oder Cloud-Plattformen auf Mitarbeiter treffen, die auch die notwendigen Fähigkeiten und das passende Mindset mitbringen, können Unternehmen wie Walgreens Boots Alliance die digitale Wende schaffen. Mit seinem Schlagwort »Tech Intensity« hat Nadella diese immensen Herausforderungen auf eine einfache Formel gebracht. Sicherlich nicht ganz unbeabsichtigt ist die massive Aufwertung, die seine persönliche Marke mit der Penetration dieses neuen Begriffs erfährt. Google liefert in 0,32 Sekunden 10.600 Ergebnisse für die Suche nach »Tech Intensity« – die Einträge auf den ersten Seiten beziehen sich alle auf Nadella und Microsoft. Nadella hat für sich damit »One Word Equity« generiert. Ganz im Sinne des Werbegurus Maurice Saatchi, der Unternehmen und Führungskräften empfiehlt, komplexe Botschaften so stark zu verdichten, dass sie in einem Wort ausgedrückt, gespeichert und erinnert werden können: »Fahrvergnügen«, »Klimawende«, »Tech Intensity«…

Grundlage für Tech Intensity ist für Nadella Vertrauen: Vertrauen in Technik und Vertrauen darauf, dass die Geschäftsmodelle beider Partner zum gegenseitigen Erfolg beitragen. Damit gelingt ihm in seinem Beitrag ein weit gespannter Bogen: Er nutzt die Partnerschaft, in der Microsoft ja nach klassischem Verständnis ein Zulieferer ist, um mehr zu vermelden als die Unterzeichnung eines neuen Kundenauftrags. Anhand dieses Business Cases illustriert er seine gesamte Unternehmensphilosophie. Damit erzielt er mehr kommunikative Rendite als sein Partner Walgreens Boots Alliance, der sich auf die klassische Kommunikation per Pressemitteilung beschränkt und auf den Einsatz von Social Media komplett verzichtet. Allein Nadellas LinkedIn-Artikel erzielte 6.857 Reaktionen und wurde 1.352 Mal geteilt. Dazu kommen 149 positive und euphorische Kommentare der LinkedIn-Nutzer.

Confidence: Führen ist Lernen ist Führen

Ein Social-Media-Kanal sagt viel über das Führungsverständnis eines CEOs. Nadellas LinkedIn- und Twitter-Posts zeigen, was ihn interessiert, was ihm wichtig ist und wozu er Mitarbeiter, Partner und Freunde motivieren möchte. Vor allem zeigen die Posts, was er lernen will.

Nadella möchte Menschen, die bei Microsoft arbeiten, von »Besserwissern« zu »Besserlernern« entwickeln: »Wir sollten stets vom Wunsch befeuert werden, von unserer Umgebung zu lernen und die gewonnenen Erkenntnisse bei Microsoft einzubringen.« Das ist nicht nur so dahingesagt. Er selbst möchte jeden Tag seine Kunden und ihr Geschäft »mit offenem Geist« besser kennenlernen und ist fest davon überzeugt, dass genau diese Einstellung ihn und alle anderen Microsoft-Mitarbeiter in die Lage versetzt, innovativ zu bleiben und die Kunden immer wieder aufs Neue zu begeistern und zu überraschen.

Projektwochenstimmung im Großkonzern: die Hackathons

Wenn Nadella Fotos von Fernseh- und Kongressauftritten oder von Treffen mit bekannten Persönlichkeiten veröffentlicht, schreibt er dazu auch in kurzen Sätzen, was ihn angeregt und inspiriert hat. Die Posts selbst sind kleine Puzzleteile, die zusammen das große Weltbild einer ebenso ehrbaren wie nahbaren Führungskraft ergeben. Zum Beispiel schreibt er gerne über die »Hackathons«, die er als CEO eingeführt hat. Bei den Hackathons versammeln sich die Mitarbeiter auf dem Campus, lassen eine Woche lang aktuelle Projekte ruhen und konzentrieren sich auf das gemeinsame Netzwerken, Ausprobieren und das Arbeiten an neuen Ideen. Dazu kommen mehr als 12.000 Menschen aus über 80 Ländern zusammen. Dieses Event ist für Nadella das zentrale Ereignis im Microsoft-Jahr, das alle miteinander in Verbindung bringt und Innovationen in den Fokus setzt. Entsprechend euphorisch kommentiert er diese Hackathons auf LinkedIn und Twitter und spendet Applaus für viele große und kleine Ideen, die an diesen Tagen das Licht der Welt erblicken. Er freut sich darüber, dass das quirlige Großevent nicht nur Produktideen fördert, sondern auch die Kultur insgesamt verändert:

»Es hat etwas von Schülern, die sich für eine Projektwoche rüsten. In Teams arbeiten sie an Problemen, deren Lösung ihnen am Herzen liegt, dann entwickeln sie Präsentationen, mit deren Hilfe sie die Stimmen ihrer Kollegen gewinnen wollen. In Zelten, die Namen wie ›Hacknado‹ und ›Codapalooza‹ tragen, werden Tausende Pfund an Donuts, Hühnchen, Karotten und Energieriegeln sowie unzählige Liter Kaffee und gelegentlich auch mal ein Bier konsumiert, damit die Kreativität nicht erlahmt. Programmierer und Analysten verwandeln sich schlagartig in Jahrmarktsschreier, die ihre Ideen überall an den Mann zu bringen suchen. Die Reaktionen reichen von höflichem Nachfragen bis hin zu heftigen Debatten und harscher Kritik.«

Unser Selbstbild bestimmt unser Leben

Die Form des Hackathons mit seinen Brainstormings, Gruppenarbeiten und Online-Liveabstimmungen hat Nadella nicht erfunden. Aber er hat das Instrument wie kaum ein anderer eingesetzt und zur Metapher des Kulturwandels erkoren: »Es geht darum, sich jeden Tag aufs Neue zu fragen: Habe ich mich heute nur auf den Trampelpfaden des Althergebrachten, in einem ›Fixed Mindset‹ bewegt? Wo ist es mir gelungen, ein ›Growth Mindset‹ zu leben?«

Die Unterscheidung zwischen dem statischen Mindset, das sich nur auf den Trampelpfaden des Althergebrachten bewegt, und dem dynamischen Growth Mindset, das immer auf der Suche nach Neuem, Aufregendem und Unbekanntem ist, ist Nadella sehr wichtig – für Microsoft, für seinen Führungsstil und für seine eigene Lebensart. Zu verdanken hat er diese Einstellung seiner Frau Anupama. Die hatte ihm nämlich den Psychologie-Bestseller »Selbstbild. Wie unser Denken Erfolge oder Niederlagen bewirkt« empfohlen. Nicht zuletzt durch diesen entscheidenden Hinweis hat Nadella lernen können, wie er ein gesundes Selbstbild für sich, seine Karriere und sein Unternehmen nutzen kann.

Das Selbstbild bestimmt unser Handeln

Die einfache, aber enorm wirksame Sensibilisierung für den Unterschied zwischen einem »statischen« und einem »dynamischen« Selbstbild bestimmt Nadellas Führungsstil, seine Selbstwahrnehmung und seinen Umgang mit Krisen und Niederlagen. Ja, sie prägt auch Nadellas Kommunikation in den sozialen Medien und gibt ihm das Selbstbewusstsein, sich zu großen und kleinen Fragen der Microsoft-Welt wie den Alltagsfragen der großen gesamten Welt zu äußern. Mindestens genauso wichtig: Sein dynamisches Selbstbild liefert ihm auch die Inhalte und Themen, mit denen er sich regelmäßig und spontan auf LinkedIn, Twitter & Co. äußern kann.

Talent Management ist momentan in aller Munde. Weltweit entwickeln die Unternehmen die kühnsten Recruiting- und Employer-Branding-Strategien, um die besten Talente zu finden und zu binden. Dabei sind wir als Menschen überhaupt nicht auf unsere Talente beschränkt. Wir besitzen enorme Entfaltungsmöglichkeiten. Davon ist Nadella überzeugt, seitdem er sich mit den Forschungen der Stanford-Psychologin Carol Dweck beschäftigt hat. Für sie – und damit sicherlich auch für Nadella – ist (fast) alles Einstellungssache: Selbstbilder werden uns nicht in die Wiege gelegt. Zwar sind unsere Glaubenssätze tief verwurzelt, aber sie lassen sich ändern. Die Entscheidung liegt bei uns:

- Glauben wir, dass unsere Eigenschaften ein für allemal festgelegt sind und wir also entweder immer erfolgreich, großartig und siegreich sind? Oder immer unterlegen und auf der Verliererseite? Dann pflegen wir ein statisches Selbstbild.

Oder:

- Glauben wir, dass wir unsere Grundeigenschaften durch eigene Anstrengung weiterentwickeln können? Dann pflegen wir ein dynamisches Selbstbild.

Das Selbstbild prägt unser Handeln: Wer glaubt, dass seine Eigenschaften in Stein gemeißelt sind, verspürt immer wieder das Bedürfnis, sich zu beweisen. Jede Klassenarbeit, jedes Bewerbungsgespräch und jeder Vortrag vor größerem Publikum sind dann ein Anlass, die altbekannte Größe zur Schau zu stellen und sich dieser selbst zu vergewissern. Oder er spürt das Verlangen, genau diese

Situationen zu meiden, weil sie ja nur wiederholte Präsentationen seiner ein für allemal festgelegten Unfähigkeit sind. Jede Situation wird bewertet: Werde ich Erfolg haben oder scheitern? Werde ich klug oder dumm aussehen? Komme ich gut an oder schlecht? Werde ich mich am Ende als Sieger oder als Verlierer fühlen? Und wenn die Anforderungen steigen, gibt eine Person mit statischem Selbstbild schnell auf – die Angst vor dem Versagen ist zu groß.

Wer ein dynamisches Selbstbild hat, ist offen für Neues und begierig auf Feedback. Das Leben ist für diese Menschen ein einziges Lernerlebnis. Und das ist in ihren Augen gut so: »Warum sollen wir uns dauernd beweisen, wie großartig wir sind, wenn wir noch besser werden können? Warum sollen wir unsere Schwächen verbergen, wenn wir sie überwinden können? Warum sollen wir uns nur mit Freunden und Partnern umgeben, die uns immer wieder bestätigen, statt mit solchen, die uns anspornen, uns weiterzuentwickeln?«

Die »Leidenschaft, Grenzen zu überwinden, auch dann noch, wenn nicht alles nach Plan läuft«, ist für Dweck das Zeichen eines dynamischen Selbstbildes. In der Realität lässt sich sicherlich nicht lupenrein und trennscharf zwischen dynamischem und statischem Selbstbild unterscheiden – nicht zuletzt das dynamische Selbstbild zeichnet sich ja durch seine Beweglichkeit aus. Aber Dwecks Folgerung ist einleuchtend: Ein dynamisches Selbstbild ermöglicht es Menschen, sich gerade dann weiterzuentwickeln, wenn sie vor großen Herausforderungen stehen. Zum Beispiel vor der Herausforderung, einen gigantischen Softwarekonzern, der durch übermäßigen Erfolg satt, überheblich und unbeweglich geworden ist, aufzubrechen und neu aufzustellen.

Kein Wunder, dass Nadella so großen Wert auf das Lernen legt: Lernen ist wichtiger als die Überzeugung, gut zu sein. Carol Dweck hat in ihren Forschungen herausgefunden, dass Menschen mit einem dynamischen Selbstbild nicht immer Selbstvertrauen benötigen, um erfolgreich zu sein. Im Gegenteil: Gerade das Wissen um die eigene Unvollkommenheit bringt sie dazu, sich auf etwas einzulassen, weil sie es (noch) nicht beherrschen: »Sie müssen nicht von Anfang an perfekt sein, um es zu wollen und ihre Freude daran zu haben.« Genau deshalb wurde Satya Nadella CEO von Microsoft. Genau deshalb twittert er.

Jüngste Forschungen der Psychologie haben nachgewiesen, dass Nadella mit seiner Annahme, dass sich ein dynamisches Mindset positiv auf die Unternehmenskultur und damit auf die Leistungskraft des Unternehmens auswirkt, völlig richtig liegt. 2019 hatten Psychologen 500 Mitarbeiter von sieben Fortune-1000-Unternehmen befragt. Ergebnis: Mitarbeiter, die ihre Organisation eher von einem statischen Selbstbild geprägt sehen, gaben an, dass die Unternehmenskultur durch weniger Zusammenarbeit, Innovation und Integrität gekennzeichnet sei. Zudem zeigten sie weniger Engagement und Vertrauen in die Organisation.

»Neue Ideen und Empathie für Menschen miteinander zu verbinden und viel Gutes damit zu bewirken, das ist für mich der Sinn des Lebens. Das gibt mir die allergrößte Zufriedenheit.«
Satya Nadella

Carol Dweck hat ein klares Weltbild. Sie teilt die Welt in Lerner und Nicht-Lerner. Nadella tut das auch. Er möchte sein Unternehmen zu einem Lernuniversum für Menschen entwickeln, die alle ein Growth-Mindset teilen: »eine Einstellung und Denkweise, die jeder Einzelne von uns hat, die uns alle verbindet – dass wir imstande sind, sämtliche Hindernisse zu bewältigen, uns jeder Herausforderung zu stellen, um persönlich daran zu wachsen, und das Unternehmen wächst mit«. Nadella spricht hier nicht über Umsatzwachstum, sondern über persönliches Wachstum. Er glaubt fest daran, dass das gesamte Unternehmen nur dann wachsen und innovativ sein kann, wenn sich jeder in seiner Rolle und in seinem Alltag weiterentwickelt. Das sagt er seinen Mitarbeitern ebenso emotional wie eindrücklich:

»Meine Frau Anu und ich wurden mit wunderbaren Kindern gesegnet und mussten lernen, mit ihren speziellen Bedürfnissen umzugehen. Das hat unser ganzes Leben verändert. Es hat mich dazu gebracht, mehr Empathie, mehr Einfühlungsvermögen für andere zu entwickeln. Neue Ideen und Empathie für Menschen miteinander zu verbinden und viel Gutes damit zu bewirken, das ist für mich der Sinn des Lebens. Das gibt mir die allergrößte Zufriedenheit. Deshalb arbeite ich für Microsoft. Und das ist es, was ich für jeden Einzelnen von Ihnen anstrebe, während Sie hier arbeiten.«

Diese Worte, die Nadella in einer Rede auf einer Vertriebskonferenz an die Mitarbeiter richtete, entfalten ihre Wucht, weil sich Nadella als Business Leader und Mensch voll einbringt. Er öffnet sich, gibt Details aus seinem Privatleben preis und macht sich verwundbar. Vor allem stürzt er sich selbst vom hohen Ross der Perfektion, indem er frank und frei zugibt, dass er lernen musste.

Dieses »Lernen-Müssen« ist für viele Führungskräfte ein Eingeständnis, das richtig wehtut. Bereits in den 1980er-Jahren hat die Historikerin und Pulitzer-Preisträgerin Barbara Tuchmann in ihrem Klassiker »Die Torheit der Regierenden« aufgezeigt, dass auch die größten Feldherren der Geschichte ihrem eigenen Interesse zuwiderhandelten und katastrophale Fehler begingen, weil sie unfähig waren, die Folgen ihrer Fehler zu erkennen, auch wenn sie darauf hingewiesen wurden. Ganz ähnlich hat der Kulturhistoriker Jared Diamond gezeigt, dass sogar ganze Kulturen und Reiche – von der Mayakultur bis zu den Bewohnern der Osterinseln – in kurzer Zeit zusammenbrechen können: Zwar ahnen die Menschen, dass irgendetwas nicht stimmt und sich die Umwelt bedrohlich verändert, aber instinktiv halten sie an alten Gewohnheiten fest, anstatt sie infrage zu stellen. Das macht es für sie unmöglich, sich neue Verhaltensweisen anzueignen, die sie in der veränderten Umwelt dringend benötigen.

Dieses Festhalten am Bestehenden, diese Lernabstinenz findet sich bevorzugt auch in den Vorstandsetagen der großen Konzerne, wie der Harvard-Professor Chris Argyris, der sich mit den Lernprozessen in Managementteams befasst hat, feststellen musste: »Das Team funktioniert unter Umständen recht gut, solange es sich mit Routinefragen beschäftigt. Aber wenn es mit komplexen Problemen konfrontiert wird, die peinlich oder bedrohlich werden könnten, geht offensichtlich jeder Teamgeist zum Teufel.«

Argyris hat beobachtet, dass die meisten Manager eines gar nicht leiden können: gemeinsames Erkunden und Hinterfragen von Positionen. Das empfinden sie als bedrohlich, weil es ihr statisches Selbstbild erschüttert. Die Folgen nennt Argyris »geschulte Inkompetenz«: Managementteams, die eine unglaubliche Kompetenz besitzen, das eigene Lernen zu verhindern. Jeder von uns, der gerne mal schreiend aus einem Meeting herausgelaufen wäre, weiß, was Argyris meint.

Früh scheitern, schnell lernen: Der Nimbus des unfehlbaren CEOs bröckelt

Lernen steht in unserer Gesellschaft hoch im Kurs – zumindest das Reden über das Lernen. Die New-Work-Philosophie, der Einzug der Digital Natives und der Generationen Y und Z in die Unternehmen und nicht zuletzt die vielen Fehlschläge und Desaster, die sich in Dotcom-Blase, Finanzkrise und zahlreichen Korruptionsaffären gezeigt haben, kratzen am Nimbus unfehlbarer CEOs. »Fuckup Nights« verkünden eine Rehabilitation des Scheiterns. Design Thinker, Start-up-Gründer und agile Projektmanager handeln nach der Devise »fail early, learn fast« und verabschieden sich von dem Gedanken, dass Manager durchs Leben gehen können, ohne Fehler zu begehen. Der Habitus, nicht(s) mehr lernen zu müssen, wenn man erst einmal in der Vorstandsetage angekommen ist, hat längst an Überzeugungskraft verloren. Lernen gilt nicht mehr als lästiges Beseitigen eines Defizits, sondern als willkommene Möglichkeit, besser zu werden. Der Begriff »Lernen« weckt längst nicht mehr nur Assoziationen von ermüdenden Vorlesungen, dunklen Seminarräumen und trockenen Pausenkeksen. Stattdessen verspricht Lernen heute vor allem die Chance, sich mit anderen zu vernetzen, die eigene Arbeitsleistung für andere sichtbar zu machen und an die Leistungen anderer anzuknüpfen. Möglich wird das vor allem durch digitale Medien und neue Formen der virtuellen Zusammenarbeit.

Working out loud, leading out loud

WOL – diese Abkürzung steht für »Working Out Loud« und kennzeichnet eine Bewegung, die für neues gemeinsames Lernen am Arbeitsplatz steht. Ins Leben gerufen wurde sie 2015 vom US-Amerikaner John Stepper. »Working Out Loud« will völlig neues Arbeiten und Lernen durch gemeinsames Entdecken, gemeinsames Lernen und Netzwerken möglich machen. Dazu setzt die Methode auf freie Lerngruppen, die ohne Curriculumsvorgaben, ohne Prüfungsabsichten, ohne Zeitplan und ohne vorgegebenes Ziel nach einer klaren Struktur an individuellen und gemeinsamen Themen arbeiten.

John Stepper beschreibt fünf Prinzipien, die das Lernen mit dieser Gruppenmethode erfolgreich machen sollen:

* Beziehungen (Relationships)
* Großzügigkeit (Generosity)
* Sichtbare Arbeit (Visible Work)
* Zielgerichtetes Verhalten (Purposeful Discovery)
* Wachstumsorientiertes Denken (Growth Mindset)

Working Out Loud ist mittlerweile zum bekannten Schlagwort für viele HR-Manager, Führungskräfte und lernbegeisterte Mitarbeiter geworden – auch in vielen deutschen Großunternehmen. Die Methode ist nicht zuletzt deshalb so beliebt, weil sie den Spaß am Lernen mit klaren Strukturen verbindet: Fünf Menschen treffen sich an zwölf Terminen mit jeweils einer Woche Abstand für je eine Stunde, um zu erlernen, wie man erfolgreich an seinem Netzwerk arbeitet. Jede Stunde behandelt ein vorgegebenes Thema. Wie es bearbeitet werden muss, ist in schriftlichen Anweisungen (Circle Guides) festgehalten, die Fragebögen zur Selbstreflexion sowie Anleitungen zu Diskussionsrunden und Übungen beinhalten. Zwischen den Treffen gibt es Hausaufgaben und Tipps zum Selbststudium (natürlich online).

Schaut man auf Working-Out-Teilnehmerlisten der Xing- und LinkedIn-Gruppen, sieht man vor allem Vertreter des mittleren Managements: Projektleiter, HR-Manager, interne Consultants und Experten. Dass die Freude am Lernen aber nicht aufhören sollte, wenn man die C-Suite erreicht hat, sollte sich mittlerweile herumgesprochen haben.

Keine drei Jahre im Amt, legt Satya Nadella seine persönliche Biografie vor. Das mutet auf den ersten Blick eigentümlich an: Für ihn gibt es keine Rückblicke am Ende eines Weges, sondern ein ständiges Überprüfen eigener Meinungen und ein Erweitern des Horizonts. Sein Buch ist keine Aneinanderreihung von Erfolgen. Im Gegenteil, er verwendet viele Seiten darauf aufzuzeigen, wie er als CEO in der Öffentlichkeit Fehler gemacht, sich bei öffentlichen Auftritten geradezu blamiert hat – und wie er aus diesen Fehlern lernen konnte.

Das Web – ein Fenster zur Welt

CEOs wie Nadella nutzen Social-Media-Kanäle immer in zwei Richtungen: Sie positionieren sich als Vorreiter und Vordenker für ein klares Programm. Gleichzeitig treten sie in Kontakt zu breiten Zielgruppen, machen sich nahbar, ansprechbar und erschließen sich so unmittelbaren Zugang zu Meinungen, Einsichten und (Vor-)Urteilen, die ihnen über »klassische« Medien und Kanäle verschlossen bleiben. Sie wissen, dass einzelne Posts, wenn sie pointiert und treffend sind, von anderen Medien aufgegriffen werden und auf diese Weise in rasantem Tempo und mit verhältnismäßig wenig Aufwand große Resonanz erzielen. Gleichzeitig nutzen sie die Kanäle, um zu lesen, zu staunen und zu lernen. Das Web ist für CEOs wie Nadella nichts Geringeres als ein Fenster zur Welt.

Politisch sein heißt: im Leben stehen

Wenn die Devise »Working out loud« dazu beiträgt, dass Menschen ihre Lernerlebnisse und ihre Suche nach Problemlösungen sichtbar machen, dann ist es auch für CEOs an der Zeit, sich ans »Leading out loud« zu machen. Sie müssen sich ans »große Ganze« wagen. Ihr Augenmerk darf sich nicht auf die dritte Stelle hinter dem Komma eines Excel-Sheets richten, sondern muss auf die großen Fragen unserer Gesellschaft gerichtet sein. Nur so können sie sicherstellen, dass ihr Unternehmen seiner Verantwortung gerecht wird und mit seinen Produkten und Angeboten auch in der Zukunft erfolgreich sein kann. Deshalb dürfen CEOs auch politisch sein. Ich finde sogar, sie müssen es. Politisch zu sein heißt im eigentlichen Sinne ja nichts anderes, als im Diskurs mit den unterschiedlichen Teilgruppen unserer Gesellschaft zu stehen. Mit anderen Worten: mitten im Leben.

> *»Ein CEO kann, darf, soll politisch sein.*
> *Manchmal muss er sogar politisch sein, wie ich finde.«*
> Joe Kaeser

Wer sich aus der reinen Beobachterrolle herausbewegt und sich einbringt, macht sich verwundbar. Das hat der Siemens-CEO Joe Kaeser recht drastisch erfahren müssen. Für einen deutschen Wirtschaftsvertreter ungewohnt deutlich und klar hatte er gegen eine Äußerung der Fraktionsvorsitzenden der AfD, Alice Weidel, Stellung bezogen. Ihre eindeutig rassistische Spitze gegen »Kopftuch-Mädel« in Familien mit Migrationshintergrund konterte er auf Twitter in aller Schärfe und Zuspitzung, die die beschränkte Zeichenzahl erlaubt: »Lieber ›Kopftuch-Mädel‹ als ›Bund Deutscher Mädel‹. Frau Weidel schadet mit ihrem Nationalismus dem Ansehen unseres Landes in der Welt. Da, wo die Hauptquelle des deutschen Wohlstands liegt.« Das saß. Und polarisierte.

Der Tweet brachte Kaeser auf einen Schlag 3.000 neue Follower und viel Zuspruch von illustren Leuten ein – bis hin zum Erzbischof von Canterbury. Die Kehrseite der Medaille unserer offenen Gesellschaft zeigte sich für ihn in den vielen ablehnenden Kommentaren, die mal über, mal unter der Gürtellinie angesetzt wurden. »Es spricht ja gar nichts dagegen, wenn Herr Joe Kaeser aus seinem gepanzerten Wagen und vor seinen Personenschutz tritt, um uns seine Sicht der Dinge mitzuteilen«, schrieb ein Nutzer, um ihm dann seine Entscheidungen der Vergangenheit vorzuhalten, die zu Stellenabbau und Entlassungen geführt haben. Andere warfen ihm Scheinheiligkeit vor, Arroganz oder Skrupellosigkeit: »Den Chinesen gibt er Arbeit und Technologie und in Deutschland schließt er Werke und will die Leute auf die Straße setzen.«

Mit Äußerungen wie diesen wird er gerechnet haben, als er nach einer »Herz- und Kopfentscheidung«, wie er selbst schreibt, den Tweet abgesetzt hat. Unzählige Hass-Posts stürzten auf ihn ein, teils von Menschen gesteuert, teils von künstlicher Intelligenz. Das wird er in Kauf genommen haben. Trotzdem werden ihn die Aggressivität der Gewaltandrohungen, die gegen ihn und seine Familie ausgesprochen wurden, ungewöhnlich hart getroffen und mitgenommen haben. Bereut hat er seine Äußerungen nicht. Wenig später schrieb er in einem Beitrag auf LinkedIn: »Wir dürfen das Feld der Öffentlichkeit nicht populistischen und nationalistischen Kreisen überlassen! Wir haben hier wirklich etwas zu verlieren. Vielleicht ist das eine Lehre aus unserer Geschichte: für Werte und damit für unsere Gesellschaft einzustehen.«

Hier spricht ein CEO, der sich mit Verve den großen Fragen zuwendet: »Was haben wir aus den Katastrophen des Zweiten Weltkriegs und des Nationalsozialismus gelernt? Wie wollen wir zusammenleben? Welche Welt wollen wir den kommenden Generationen, unseren Kindern und Enkeln, übergeben? Das sind Fragen, die mich umtreiben und die mich auch antreiben.«

Kaeser nutzt seinen LinkedIn-Beitrag, um im selben Atemzug auch auf andere Kritik einzugehen, die in den sozialen Netzwerken in den Wochen und Monaten zuvor auf ihn niedergeprasselt ist – wegen Stellenstreichungen und »Stellenanpassungen«, wie er es nennt, und wegen seines Lobs für die Steuerpolitik des US-Präsidenten Donald Trump. Er schreibt:

»Nehmen Sie das bekannte Abendessen mit dem amerikanischen Präsidenten auf dem Weltwirtschaftsforum in Davos. Für meine Äußerungen bekam ich Lob und Tadel. Letztlich trugen sie jedoch bei, dass wir in den USA, unserem größten Markt, unsere Geschäfte in Ruhe machen können.«

Einerseits beschreibt Kaeser also das »große Ganze« und belehrt seine Leser und Follower – durchaus im näselnden Ton eines Sozialkundelehrers –, dass sich die Welt mitten im Strudel struktureller Verwerfungen befände. Andererseits gibt er unumwunden zu, vor allem im Sinne und für die »Ruhe« des Konzerns zu handeln – Siemens first, könnte man sagen. Einerseits posiert der CEO als verantwortungsbewusster Welterklärer, andererseits fällt er in seinem Tun als klarer Shareholder-Value-Verfechter auf. Passt das zusammen? Manche sagen: Nein. Der Management-Guru Reinhard K. Sprenger zum Beispiel wirft ihm Moralisierung, Selbstherrlichkeit und Übergriffigkeit vor: »Ein CEO hat die Interessen seiner Kapitalgeber zu erfüllen, keine Glaubensbekenntnisse abzulegen«, schreibt er, bleibt allerdings die Antwort schuldig, wer außer Aktionären und Aufsichtsräten dieses Rede- und Denkverbot gutheißen würde.

Tragische Konflikte erzeugen tragische Helden

Ich denke, das Wohlergehen des Unternehmens, das einem CEO anvertraut ist, ist abhängig von dem Zustand des Staates und der Gesellschaft, in dem es tätig ist. Das ist für jeden Unternehmenslenker ein geradezu tragischer Konflikt. Auch wenn es aus der Mode gekommen sein mag, Vorstände als Helden zu titulieren – die Konflikte und Dilemmata, die ihr Handeln prägen, sind durchaus heroisch. Joe Kaeser zieht einen der größten deutschen Soziologen – Max Weber – heran, um den Konflikt als Aufeinandertreffen von Gesinnungs- und Verantwortungsethik zu beschreiben:

»Tun wir als Unternehmenslenker das, was den eigenen Prinzipien entspricht oder was vielleicht auch bequemer ist, ungeachtet der (absehbaren) Folgen? Oder tun wir das, was das Richtige ist – im Interesse des Unternehmens, der Mitarbeiter, der Gesellschaft?«

Wenn ein Dilemma einfach zu lösen wäre, wäre es kein Dilemma. Jede Äußerung zur Tagespolitik erregt Aufmerksamkeit und Aufregung. Richtige und einfache Antworten auf die drängenden Fragen unserer Gesellschaft gibt es nicht. Jeder Tweet ist ein Steinwurf im Glashaus. Zwar hat Kaeser es etwas einfacher als andere Vorstände. Die Lenker von Lebensmittel-, Elektronik- oder Automobilunternehmen müssen fürchten, dass sich Shitstorms schnell in Boykottaufrufen und diese in Umsatzrückgang niederschlagen. »Da habe ich bei Turbinen das Problem nicht so«, räumt er freimütig ein. Andererseits bringt seine gehobene

Position als Vorstand eines deutschen Weltkonzerns im Gegenzug noch größere Verantwortung mit sich:

»Für einen Siemens-Vorstandsvorsitzenden ist die Sache vielleicht sogar noch heikler als für andere. Gar nicht einmal, weil er oder sie aufgrund seiner oder ihrer Funktion von Kameras besonders intensiv eingefangen wird. Sondern weil Siemens global tätig ist und die Marke Deutschland mitprägt – auch wenn wir weniger als 10 Prozent des Neugeschäfts noch hierzulande machen. Und eine Aussage an einem Ort der Welt kann große Auswirkungen auf die Geschäftsentwicklung und vielleicht auch auf die Arbeitsplätze an einem anderen Ort der Welt haben.«

Kaeser mutet seinem Konzern eine drastische Wandlung zu, die nicht ohne Opfer ablaufen kann: Er spaltete die Medizintechniksparte ab, machte aus fünf Industriesparten drei operative Einheiten und verlieh ihnen mehr Eigenständigkeit. Dazu baute er gut 10.000 Stellen in der Verwaltung ab. Das geht nicht ohne Gegenwind. Kaeser weiß das und hält es aus. Regelmäßig äußert er sich zu brennenden Fragen, die die öffentliche Debatte prägen. Das tut er nicht, obwohl, sondern weil er mit seinen unternehmerischen Entscheidungen zwangsweise polarisiert. Vornehme Zurückhaltung und defensives Schweigen sind für Joe Kaeser keine Option. Er ist felsenfest überzeugt, dass ein CEO politisch sein darf und manchmal sogar politisch sein muss. Wie aber schafft er den Drahtseilakt zwischen Gesinnungs- und Verantwortungsethik, zwischen Leadership-Ethos und geschäftlichem Pragmatismus, zwischen unternehmerischer Weitsicht und persönlicher Betroffenheit? Mit einem dynamischen Selbstbild und gesundem Selbstbewusstsein. Er müsse sich »nicht mehr sonderlich viel beweisen«, diktiert er einem *Handelsblatt*-Journalisten in den Block.

»Mit der Macht, die ein Vorstandschef ausübt,
kann er sich eine Welt schaffen, die Tag und Nacht sein Bedürfnis
nach Selbstbestätigung befriedigt.«
Carol Dweck

Vorstandskrankheit Ego-Wahn

Führungskräfte mit dynamischem Selbstbild brauchen wir dringender denn je. Angesichts der vielen Umbrüche, Verwerfungen und Ungewissheiten, denen wir alle heute schon ausgeliefert sind, sollte es jedem Mitarbeiter angst und bange werden, wenn ein CEO mit statischem Selbstbild am Ruder ist. Paradoxerweise verleiht gerade ein stark ausgeprägtes statisches Selbstbild vielen Führungskräften den Impetus, die Zähigkeit und den Willen zur Macht, um es bis ganz nach oben zu schaffen – nicht immer zum Nachteil des Unternehmens. Diese Führungskräfte verspüren immer den Drang, sich beweisen zu müssen, erklären jede Begegnung zum Wettbewerb und teilen die Welt in zwei Lager ein: Wer nicht für mich ist, ist gegen mich. In ihrer Welt sind manche Menschen den anderen überlegen. Diese Überlegenheit müssen sie immer wieder aufs Neue herausstellen. Ihr Unternehmen bereitet ihnen dazu die Bühne und die sozialen Medien liefern ein Millionenpublikum, wie Carol Dweck treffend bemerkt: »Mit der Macht, die ein Vorstandschef ausübt, kann er sich eine Welt schaffen, die Tag und Nacht sein Bedürfnis nach Selbstbestätigung befriedigt. In dieser abgeschirmten Welt erreichen ihn nur die guten Nachrichten über die eigene Genialität und den Erfolg des Unternehmens, ganz egal, wie schrill die Alarmglocken läuten. Das ist die Vorstandskrankheit und eine der Gefahren der statischen Denkweise.« Kommt Ihnen das bekannt vor? Mit Sicherheit. Seien wir ehrlich: Diese Spezies kennen wir alle. Und falls nicht: Schauen Sie einfach ins Internet, auf Facebook, LinkedIn oder Twitter. Sie werden schnell fündig. Unzählige Tweets und Posts namhafter Geschäftsführer und Vorstände sind nichts anderes als der penetrante Hinweis: »Schaut, wie toll ich bin – und applaudiert!« (Aber auch das sei gesagt: Bei 500 Millionen Tweets pro Tag ist das eine überschaubare Minderheit – auch wenn sie uns besonders ins Auge fällt.)

Donald Trump und das Selbstverständnis des Dealmakers

Natürlich muss ein Name als Beispiel für ein großes Ego mit statischem Selbstbild sofort genannt werden: Donald Trump, CEO und Unternehmer, TV-Show-Host und Präsident der Vereinigten Staaten. Einer der mächtigsten Männer der Welt.

Für Trump ist Weltpolitik nichts anderes als ein großes Geschäft, seine Hauptaufgabe ist Dealmaking – und darauf versteht er sich nach eigenem Empfinden prächtig. Deshalb liest sich sein biografischer Verhandlungsratgeber »The Art of the Deal«, den er vor über dreißig Jahren veröffentlicht hat, wie ein Selbstkommentar zu seinem heutigen Regierungsstil.

Sein Selbstbild ist so statisch wie ein Brückenpfeiler. Trump bleibt Trump – und erweckt nicht den leisesten Anschein, in seiner neuen und fürwahr gewaltigen Aufgabe als US-Präsident noch etwas lernen zu müssen. Er sieht sich selbst als Meister des Dealmakings und geht davon aus, dass diese Größe angeboren ist: »Vor allen Dingen glaube ich, dass Dealmaking eine Fähigkeit ist, die angeboren ist. Es liegt in den Genen. Das sage ich gar nicht egoistisch. Man braucht eine gewisse Intelligenz, vor allem ist es Instinkt.« Diesen Instinkt hat man in seinen Augen eben – oder man hat ihn nicht.

Trumps Biografie, seine Pressekonferenzen und sein gesamter Lebensstil sind eine perfekte Illustration eines Menschen mit statischem Selbstbild, wie ihn Carol Dweck beschreibt. Sein ganzes Leben ist darauf ausgerichtet, seine Größe zur Schau zu stellen. Kritik, Zweifel und andere Meinungen versucht er sofort zu widerlegen – entweder durch Fakten, durch eigene Erfindungen oder durch Abwertung der Menschen, die die Vorwürfe vortragen. So schreibt er in »The Art of the Deal« über die Kritik der Architektur seines Trump Towers in New York, der ja nichts anderes als ein in Stein und Glas gewandeltes Statement über Größe und Erfolg sein soll: »Das Lustige am Trump Tower ist ja, dass wir am Ende großartige Besprechungen in Architekturzeitungen bekamen. Die Kritiker damals wollten ihn nicht gut besprechen, weil er für eine ganze Reihe von Sachen stand, die sie nicht mochten. Aber schlussendlich war das ein so großartiges Gebäude, dass sie gar nicht anders konnten, als das auch zu sagen.«

Stellt jemand die Größe Trumps oder des Trump Towers infrage, muss er andere Gründe haben, denn an seiner Einzigartigkeit besteht seiner Meinung nach kein Zweifel – er hat's halt in den Genen. Diese Botschaft wird er nicht müde, über alle Kanäle zu verbreiten. Auch als Präsident, auch und gerade über soziale Medien. So preist er die Zuschauerzahlen bei seiner Amtseinführung als Rekord, um dann diejenigen, die mit Fotos das Gegenteil beweisen, zu beschimpfen.

Truthful hyperbole: Wie biegsam ist die Wahrheit?

Täglich nutzt er seinen Twitter-Kanal, um seine Größe zur Schau zu stellen, aktuelle Zahlen aus ihm genehmen Umfragen zu preisen, seine Gegner herabzusetzen oder lächerlich zu machen. Vorwürfe gegen ihn brandmarkt er als Auswirkungen einer Hexenjagd – wohlgemerkt nicht irgendeiner Hexenjagd, sondern der größten Hexenjagd aller Zeiten. Dazu streut er immer wieder ein, wie viel er für seine Anhänger tut und dass er überhaupt der beste Präsident in der Geschichte der USA sei. Mit der Wahrheit nimmt er es dabei nicht immer so genau. Das hat er bereits in »The Art of the Deal« unumwunden zugegeben: »Der Hauptschlüssel für meine Promotion ist Angeberei. Ich bediene die Fantasie der Menschen. Die Menschen mögen selbst nicht immer in großen Dimensionen denken, aber sie lassen sich von denen begeistern, die es tun. Darum kann ein bisschen Übertreibung nie schaden. Die Menschen möchten daran glauben, dass etwas das Größte, das Großartigste und das Spektakulärste ist. Ich nenne das ›truthful hyperbole‹. Das ist eine unschuldige Form der Übertreibung – und eine sehr effektive Form der Promotion.«

»Truthful hyperbole« – aufrichtige Übertreibung, das ist wirklich groß. Diesen Begriff besitzt Trump wahrlich exklusiv. Etwa 13.800 Einträge findet Google bei der Stichwortsuche – und alle führen in irgendeiner Form zu Trump.

Sein Stil, sein rüpelhafter Ton, sein beleidigender Umgang mit Kontrahenten und seine Missachtung für wesentliche Elemente der Demokratie machen ihn nicht gerade zum Vorbild für präsidiales Benehmen und staatsmännische Führung – über sein Frauenbild wollen wir gar nicht erst reden. Trotzdem müssen ihm auch seine schärfsten Kritiker eines zugestehen, wenn sie sein Auftreten als Präsident mit seinen Maximen vergleichen, die er vor dreißig Jahren als »Art of the Deal« verkündet hat: Der Mann ist konsequent. Sein Wahnsinn hat Methode. Und wenn viele Journalisten, die ihn als Polterer, Banausen und Großmaul porträtiert haben, ehrlich sind, müssen sie sich eingestehen, ihn unterschätzt und seine Strategie verkannt zu haben. Zur Strategie kommen seine Ausdauer und Stringenz. Trump twittert täglich. Das tat er als Kandidat, das tut er als Präsident. Für ihn ist immer Wahlkampf. Wenn es keinen Wahlkampf gäbe, er würde ihn erfinden. Sein statisches Selbstbild sucht den ständigen Beweis, dass er etwas Besonderes und den anderen überlegen ist.

Für die Social-Media-Kommunikation kann man von Trump viel lernen und sich einiges abschauen: seine Bereitschaft, sich schnell und spontan zu äußern, und den Mut, mit Tweets auch mal danebenzuliegen. Seine einfache Sprache mit kurzen Sätzen und einprägsamen Wortbildern macht es ihm leicht, Debatten zu bestimmen und zu lenken. Nichtsdestotrotz stößt dieser Stil viele Menschen ab. Viele Fans unter den deutschen Firmenchefs und Managern hat er nicht.

> *»Wenn du anfängst, an deine eigene Großartigkeit zu glauben,*
> *ist das der Tod deiner Kreativität.«*
> Marina Abramović

Um das Kommunikationsverhalten Donald J. Trumps sachlich bewerten zu können, müssen wir unsere politischen Werte und Sympathien mal für einen Moment beiseiteschieben (ich weiß, das fällt schwer). Wenn wir das tun, erkennen wir mehr und mehr, wie geschickt und erfolgreich Trump sich die Eigenarten des jungen Mediums Twitter zu eigen macht, um permanent mit seiner Zielgruppe, den Trump-Wählern, in Kontakt zu sein. Er teilt ihnen mehr mit, als sie in offiziellen Presseberichten, Akten oder Wahlkampfbroschüren erfahren: Ich bin für euch da, ich höre euch, ich weiß, was ihr euch wünscht. Er spricht nicht zu seinen Wählern, sondern mit ihnen und lässt sie teilhaben: an seiner (Schaden-)Freude, seiner Trauer, seiner Wut, seinem Stolz. Zumindest gibt er ihnen das Gefühl. Sie können in Echtzeit verfolgen, dass sich ihr Präsident dasselbe Fernsehprogramm anschaut, sich über dieselben Figuren des öffentlichen Lebens aufregt und dieselben Fragen stellt wie sie. Wohlgemerkt: Das denken und goutieren nur seine Stammwähler. Menschen, die ihn nicht wählen und seine Werte nicht teilen, erreicht Trump nicht, obwohl das mithilfe der neuen Medien einfacher wäre als je zuvor.

Führen in der digitalen Welt. Menschen zusammenführen, Konsens herstellen und Ausgleich ermöglichen

Man muss kein Politikwissenschaftler sein, um jetzt schon zu erkennen, dass es Trump nicht gelungen ist und nicht gelingen wird, Menschen zusammenzuführen, Konsens herzustellen und Ausgleich zu ermöglichen. Aber genau das ist in einer Welt, die immer instabiler, unsicherer, komplexer und doppeldeutiger wird, eine der wichtigsten und vornehmsten Aufgaben der Führungskräfte. Dazu benötigen sie ein Selbstbild, das sie offen, achtsam und empathisch für Veränderungen, Unterschiede und Vielfalt macht. Präsidenten und Führungskräfte mit statischem Selbstverständnis schaffen das nicht. Ihnen steht ihr Ego im Weg. Oder, wie es Bestsellerautor Ryan Holiday auf den Punkt bringt: »der ungesunde Glaube an die eigene Bedeutung. Arroganz. Ichbezogener Ehrgeiz.«

Das ideale Thema für CEO-Content: Entwicklung als Weg zur Confidence

»Wenn du anfängst, an deine eigene Großartigkeit zu glauben, ist das der Tod deiner Kreativität«, hat die serbische Performancekünstlerin Marina Abramović festgestellt. Verfolgt man Trumps Twitter-Account, sieht man schnell, wie wenig es ihm darum geht, Neues zu entdecken, Ideen zu entwickeln, Hypothesen zu testen, Resonanz zu spüren. Sein Thema ist ausschließlich er selbst. Mir fällt immer wieder auf, wie selten Trump über Bildungsfragen spricht – eines der wichtigsten und entscheidendsten Themen für Industriegesellschaften im digitalen Wandel. (Gut, das mag daran liegen, dass die Trump University nach Skandalen und Klagen mittlerweile ihren Dienst eingestellt hat.) Tut er es doch, dann nur, um sein hervorragendes Abschneiden beim IQ-Test (im Gegensatz zu seinem damaligen Außenminister Rex Tillerson) oder seine guten Abschlüsse hervorzuheben.

Carol Dweck ist aufgefallen, dass sie in keiner Biografie eines CEO mit statischem Selbstbild etwas über Mentoren- oder Förderprogramme für Mitarbeiter gelesen hat. Wenn Trump mal seine Memoiren schreiben sollte, wird Carol Dweck diesen Satz bestimmt nicht revidieren müssen. Dagegen stellt sie fest, dass in Autobiografien von Führungskräften mit dynamischem Selbstbild viel über persönliche Entwicklung zu finden ist. Nur mal so als Beispiel: Satya Nadellas Buch »Hit Refresh« hat 240 Seiten. 32 Seiten erzählen, wie Karl Marx, eine Sanskrit-Lehrerin und ein Cricket-Held seine Jugend prägten, 26 Seiten beschreiben, wie er bei Microsoft das Führen gelernt hat, auf 23 Seiten schildert er, warum er im Unternehmen aus »Besserwissern« »Besserlerner« machen möchte, 18 Seiten widmen sich dem Aufbau und der Entwicklung von Partnerschaften.

Nicht falsch verstehen: Twittern und Bloggen sind alles andere als der Beleg für ein statisches Selbstbild. Ebenso gilt umgekehrt: Auch Menschen, die großes Selbstbewusstsein und einen ausgeprägten Hang zur Selbstdarstellung an den Tag legen, können die neuen Medien nutzen, um Entwicklung für sich und andere zu ermöglichen, zu lernen und andere zum Lernen zu motivieren. Joe Kaeser zum Beispiel leidet bestimmt nicht an fehlendem Bewusstsein eigener Größe. Indes nutzt er LinkedIn und Twitter, um Entscheidungen, die er in seiner legitimen Verantwortung für sein Unternehmen trifft, und Äußerungen, die er mit Bedacht wählt, für alle öffentlich zu reflektieren und zu hinterfragen.

»Ich wurde Unternehmer,
weil ich das Leben von Menschen positiv verändern will.«
Richard Branson

Auch Richard Branson, Gründer und CEO des Firmenimperiums Virgin, ist sicherlich kein Mensch mit Hang zur Selbstverachtung. Oft und gerne stellt er Fotos, auf denen er auffällig gut getroffen ist, ins Netz. Bevorzugt nutzt er aber seinen LinkedIn-Account, um anderen Ideen, Entrepreneuren, Initiativen und Konzepten zum Durchbruch zu verhelfen. Seine Timeline erzählt die unterschiedlichsten Geschichten vom Anfangen, vom Ausprobieren, vom Scheitern und Wiederaufstehen – persönlich ausgewählt, kompiliert und verbreitet vom Legastheniker, Geschäftsmann und Abenteurer Richard Branson.

»Es gibt so viele brillante Ideen da draußen, die mit etwas helfender Hand bereit zum Gedeihen und Abheben sind«, schreibt er in einem Post. Er muss nicht immer über sich selbst reden, um seine ureigene Geschichte zu erzählen: »Ich wurde Unternehmer, weil ich das Leben von Menschen positiv verändern will.«

2

CORPORATE STORIES NEED CORPORATE HEROES

Wie die gelebte CEO-Marke das Unternehmen voranbringt

*»Leaders don't force people to follow.
They invite them on a journey.«*
CHARLES LAUER

CEOs wie Satya Nadella oder Richard Branson zeigen uns fast täglich, wie wirkungsvoll die Schalter im Cockpit der sozialen Medien zu bedienen sind. Und es kostet wirklich nichts. Ein Tweet, der in Sekunden Tausende von Menschen erreicht, belastet das Kommunikationsbudget mit fast keinem Cent.

In den sozialen Medien entfalten die Top-Größen der Wirtschaft eine Anziehungskraft, die in die Millionen geht. Die folgenden Twitter-Statistiken vermitteln eine Vorstellung davon, welchen immensen Einfluss Topmanager über die sozialen Medien erzielen können – allein aufgrund der Zahl ihrer Follower:

- Bill Gates: 48 Millionen Follower
- Tim Cook: 11,5 Millionen Follower
- Melinda Gates: 2,4 Millionen Follower
- Sheryl Sandberg: 269.000 Follower
- Joe Kaeser: 29.700 Follower

Zum Vergleich: Die verkaufte Auflage der *Frankfurter Allgemeinen Zeitung (FAZ)* lag im dritten Quartal 2019 bei rund 226.700 Exemplaren, die des *Handelsblatts* bei 132.800, die des *Manager Magazins* bei 111.500 Exemplaren.

Warum fällt es uns denn dann so schwer, den ersten Tweet zu wagen? Warum sind gerade deutsche Führungskräfte so oft im Lager der Social-Media-Verweigerer? Aus meinen Gesprächen mit vielen CEOs weiß ich: Sorge um den Datenschutz, zu wenig Zeit und fehlende Kenntnisse über die Funktionen und Tools der Plattformen können Hemmschuhe sein. Aber sie sind nicht das Hauptproblem. Die Ursache für die Zurückhaltung liegt tiefer. Viel tiefer.

Social Media stellen nicht nur unsere Gewohnheiten infrage (zum Beispiel die Gewohnheit, zwischen beruflichen und privaten Interessen strikt zu trennen: Auf unserem iPhone leben beide Welten in friedlicher Eintracht – oder schaffen Sie es wirklich, die Trennung zwischen Dienst- und Privathandy einzuhalten?). Außerdem widersprechen Social Media in vieler Hinsicht unserem Denken und unseren Prinzipien, die uns bis dato zum Erfolg verholfen haben: Die Universitäten und Business Schools, die viele von uns ausgebildet und uns den Weg zur Spitze bereitet haben, hatten ganz andere Skills und Stärken gefördert: Logik, Analytik, rationales Schlussfolgern. Sie brachten Manager hervor, die konzentriert auf das Kerngeschäft agierten – unerschrocken in Krisen, hart in der Sache und eher formell im Ton. Zahlen, Daten, Analysen und eine professionelle und ausgefeilte Unternehmenskommunikation galten lange Zeit als das Maß der Dinge. Abschottung signalisierte Status und Macht. Spontaner Kontakt zu Kunden und Interessengruppen wurde vermieden. Der beschränkte sich auf die Rede bei der Hauptversammlung, bei der jedes Wort durchdacht, geprüft und eingeübt war.

Vorbei. Fast von heute auf morgen zählt eine andere Währung. Jetzt müssen CEOs mehr und vor allem ganz anders als Vorbild und Identifikationsfigur wirken: empathisch, intuitiv, reflektiert, dicht an den Menschen und ihren Bedürfnissen. Kurzum: zum Greifen nah.

»Manchmal bedeutet Leadership, einen Schritt zurückzutreten und
andere in großen Momenten zum Leuchten zu bringen.«
Sundar Pichai

Die meinungsprägenden digitalen Wegbereiter erwarten von Unternehmensführern weit mehr als funktionierende Produkte, schwarze Zahlen und ständiges Wachstum. Gefragt ist ein ganzheitlicher, offener Leadership-Stil: Gefühl für die richtigen Worte. Der Mut, Emotionen zu zeigen. Freude an Menschen und Begegnungen. Klare Visionen und transparente Strategien für das Team. Die Kunst, diverses Denken und unterschiedliche Perspektiven fruchtbar zu machen. Die Bereitschaft, zuzuhören und Partnerschaften einzugehen. Das Gespür für künftige Entwicklungen. Die Kraft, sich für eine bessere Welt einzusetzen. Das alles gibt es nicht zum Nulltarif, sondern verlangt sehr viel. Vor allem eins: Demut. Manchmal bedeutet Leadership eben auch, »einen Schritt zurückzutreten und andere in großen Momenten zum Leuchten zu bringen«. So sieht es Google-CEO Sundar Pichai.

Personal Branding: Persönlichkeit von ihrer schönsten Seite

Ein CEO, der seine eigene Marke aufbaut, macht seine Werte, seine Ziele und seinen Charakter sichtbar und tritt mit den unterschiedlichsten Zielgruppen in Kontakt. Ist die Marke stimmig und fußt sie konsequent auf den persönlichen Werten, macht sie ihren Träger unverwechselbar, wiedererkennbar und bekannt. Vor allem stiftet sie wertvolles Vertrauen und erleichtert es anderen, in Kontakt mit dem Träger dieser Marke zu treten und ihm direkt oder indirekt zu folgen. Das haben wir in den Business Schools nicht studiert. Aber wir können es immer noch lernen. Jeden Tag. For free. Im Netz.

Der Erfolg Ihrer CEO-Brand hängt nicht vom Zufall, sondern von klar steuerbaren Faktoren ab. Welche das sind, hat Sabrina Huber an der HWZ Hochschule für Wirtschaft Zürich untersucht und in eine einprägsame Formel gegossen:

CEO-Branding = Strategie × Kongruenz × Persönlichkeit × Konzept × Botschaft

Diese Formel bringt in schöner und geradliniger mathematischer Unerbittlichkeit auf den Punkt, warum Personal Branding so schwer ist: Ist einer der Faktoren null, ist auch das Ergebnis null: Das wäre dann ein CEO-Branding zum Vergessen.

Schauen wir uns die Erfolgsfaktoren des CEO-Branding im Einzelnen an:

Strategie: Je bekannter der CEO, je beliebter oder charismatischer seine Persönlichkeit, desto mehr steigt auch das Unternehmen in Ansehen und Wert. Mit seinen Handlungen, seiner Kommunikation und seinen Botschaften verkörpert er die Werte, Stärken und Ziele eines Unternehmens. Er macht das Unternehmen unverwechselbar, wiedererkennbar und menschlich. Manche Top-Business-Leader werden nahezu bekannter als das Unternehmen – und bleiben doch lange mit ihm verbunden, sodass beide im kollektiven Gedächtnis verankert sind: Henry Ford für Ford, Berthold Beitz für Krupp, Alfred Herrhausen für die Deutsche Bank, Jack Welch für General Electric, Tim Cook für Apple, Howard

Schultz für Starbucks, Michael O'Leary für Ryanair. Die Liste ließe sich beliebig fortsetzen. Dieser strategische Faktor des CEO-Branding muss erkannt und anerkannt werden – vom Unternehmen, vor allem aber von den Persönlichkeiten, die ihm Gesicht und Stimme geben. Denn natürlich kann CEO-Branding nur erfolgreich sein, wenn der CEO voll dahintersteht.

Kongruenz: CEO und Unternehmen müssen zusammenpassen – in ihren Aussagen, ihren Werten, ihrem Stil. Der ehemalige Daimler-CEO Dieter Zetsche hat diesen Zusammenhang einige Jahre früher als viele andere verstanden. Er sah Mercedes-Benz auf dem Weg in eine kulturelle Revolution und wollte neue, jüngere Zielgruppen erschließen. Alles zusammen setzte voraus, dass Mercedes sein traditionell konservatives Markenimage verjüngte. Deshalb unterzog Zetsche auch seine eigene Marke einem Relaunch: Er tauschte Dreiteiler und Businessschuhe gegen Jeans und Sneaker, gab auf LinkedIn als »Dr. Z.« Einblicke in die Autobranche und erklärte in einem Videofilm die Zukunft der E-Mobilität am Beispiel einer Ketchupflasche: »Man weiß, dass etwas kommt, aber nicht, wann und wie viel.« Das ist Kongruenz: Der Auftritt des Chefs ist auf die Unternehmensziele abgestimmt.

Persönlichkeit: Dieter Zetsche musste den lockeren, unkonventionellen Auftritt nicht erst einüben, er ist Kern seiner Persönlichkeit. Innen und Außen passen zusammen. Genau darum geht es beim Personal Branding: diejenigen Aspekte der eigenen Persönlichkeit, des eigenen Antriebs zu kommunizieren, die authentisch sind und zugleich Anspruch und Ziele des Unternehmens verkörpern. Aus dieser Echtheit in Auftritt und Verhalten erwachsen Glaubwürdigkeit und Konsistenz. Verbiegen müssen und sollen sich Topmanager dagegen nicht. Zetsche zum Beispiel machte kein Hehl daraus, dass ihn die Technologie des autonomen Fahrens zwar fasziniert, er selbst sie aber nicht uneingeschränkt nutzen würde. Dazu genieße er es viel zu sehr, selbst hinter dem Lenkrad zu sitzen. CEO-Brands können und sollten keine Werte vermitteln, die ihr Träger selbst nicht teilt. Vielmehr bringt das Branding die passenden Seiten der Persönlichkeit des Leaders zum Ausdruck.

Konzept: Jedes CEO-Branding will gut überlegt und geplant sein. Dabei gilt es, die angestrebten Ziele, die Zielgruppen und die vorteilhaften Plattformen, Tools und Kanäle im Auge zu behalten. Vor allem anderen ist deshalb Selbstreflexion gefragt: Was macht mich als Leader einzigartig, wofür stehe ich, wie will ich wahrgenommen werden, was kennzeichnet mich, was macht mich besonders? Für die Generation der Millennials ist die Auseinandersetzung mit solchen Fragen der Selbstdarstellung übrigens selbstverständlich – auf jeder Stufe ihrer Entwicklung, nicht erst auf CEO-Ebene. Das hat uns gerade die 17-jährige Kanadierin Cassia Attard deutlich ins Bewusstsein gerufen. Cassia Attard entwickelt künstliche Intelligenzen und forscht im Bereich der Nanotechnik. Jeder solle sich fragen, forderte sie bei der Me Convention 2019 in Frankfurt: »Wie kann ich die größte Wirkung erzielen?« Gemeint ist nicht nur das eigene Handeln, sondern auch die eigene Vermarktung – um Wirkung mit Sichtbarkeit zu erzielen.

Botschaft: Eine gute CEO-Brand vermittelt wie jede gute Marke ein eindeutiges, stimmiges Bild. Apple-Gründer Steve Jobs hat sich als Visionär und Pionier ins kollektive Gedächtnis gebrannt. Richard Branson beeindruckt als Regelbrecher und Kämpfernatur. Eine Personal Brand zeigt, wofür man steht. Und auch nur das, wofür man steht. Beliebigkeit ist der Feind jeglicher Markenbildung. Nur wer die eigene Kernbotschaft vermitteln kann, wird in seiner Einzigartigkeit gehört und gesehen. Daher gehört zu den Erfolgsfaktoren des CEO-Branding immer auch die Frage: Welche Facetten meiner Persönlichkeit könnten meine Marke verwässern?

Die glatte Fassade greift zu kurz

Die Wertschätzung, die CEOs wie Tim Cook oder Bill Gates den sozialen Medien erweisen, beruht auf einer wichtigen Erkenntnis: Menschen vertrauen Menschen und suchen Menschlichkeit. Kunden wollen nicht nur hochwertige Produkte kaufen und Bewerber erwarten mehr als eine sichere, gut bezahlte Position. Wer ein Smartphone oder einen neuen Arbeitgeber auswählt, möchte sich als Teil einer besonderen Gemeinschaft fühlen, den Zauber spüren, ganz vorne mitspielen, über das Gewöhnliche, Normale hinausgehen. Vor allem die Verbraucher der Generation Z betrachten die Entscheidung für ein Produkt, einen Service oder einen Arbeitsplatz als Ausdruck ihres eigenen Lifestyles. Dieses Gefühl der Zugehörigkeit kann weder eine Kommunikationsabteilung bedienen noch ein CEO, dessen Social-Media-Beiträge sich lesen wie ein Ausschnitt aus dem Geschäftsbericht.

Was die populärsten Leader auf LinkedIn oder Twitter von den in den sozialen Medien weniger erfolgreichen C-Suite-Managern unterscheidet, ist vor allem eins: Persönlichkeit.

»Wir müssen emotionaler werden.
Wir müssen stärker auf Menschen zugehen.«
Saori Dubourg

»Leadership wurde grundlegend neu definiert«, sagt Craig Mullaney, ein Partner der Unternehmensberatung Brunswick Group. »Moderne Leader müssen Menschen mit direkter, mitreißender und authentischer Kommunikation beeinflussen, inspirieren und informieren.« BASF-Vorstand Saori Dubourg sieht es genauso: »Wir müssen emotionaler werden. Wir müssen stärker auf Menschen zugehen.« In anderen Worten: Wer allzu sehr auf Nummer sicher geht, lässt Menschen kalt. Die glatte, unangreifbare Fassade zieht weder Mitarbeiter noch Kunden an. Unternehmenslenker müssen sich aus der Deckung wagen: persönliche Einblicke geben, das Unerwartete tun, ins Risiko gehen, sich verletzbar zeigen.

Persönliche Einblicke heißt auch, eine unerwartete Seite der eigenen Persönlichkeit zu zeigen. Deshalb ist es sinnvoll und im besten Sinne hochprofessionell, wenn Sie sich als CEO Ihren Followern nicht nur im Rahmen Ihrer Funktion, Ihrer Verantwortung und Ihrer Expertise präsentieren, sondern auch privat. Goldman-Sachs-CEO David Solomon zum Beispiel legt schon lange als DJ D-Sol elektronische Musik auf. An dieser Leidenschaft lässt er seine 24.000

Instagram-Abonnenten teilhaben. Im coolen Stil, mit T-Shirt und Kopfhörern, präsentiert er sich am Mischpult.

Selbstverständlich lassen Sie, wenn Sie persönliche Einblicke gewähren – in Ihre Hobbys, Ihren Alltag, Ihre Vorlieben –, tief in Ihr Inneres blicken. Keine Frage, das verlangt Mut. Aber kein Grund zur Sorge, denn als Urheber Ihrer eigenen CEO-Marke sind Sie auch immer Herr (oder Herrin) des Verfahrens. Sie entscheiden, was man über Sie wissen soll und darf. Nur etwas mehr als Zahlen des Unternehmens sollte es schon sein.

Der Trend zur Personalisierung

Wenn ich dazu ermuntere, nicht nur über die großen Fragen des Business, sondern auch über die kleinen Freuden des Alltags zu posten, runzeln viele deutsche Topmanager erst einmal die Stirn. C-Suite-Manager als Popstars ihrer Unternehmen? Kann das wirklich meine Aufgabe sein? Was halten Konsumenten, Mitarbeiter und Interessengruppen davon? Und ist es überhaupt im Sinn der Unternehmen, dass ihre Spitzenleute auf Social Media ein Eigenleben entwickeln? Ausgerechnet dort, wo die einen sich eine heile Welt basteln und die anderen Fake News, extreme Ansichten und verbalen Hass verbreiten? Wo ein US-Präsident Breitseiten verteilt und auf geheiligte Institutionen des Landes losgeht?

Im Grunde ist es eine einfache Rechenaufgabe: Je mehr relevante Follower Sie und Ihr Unternehmen auf Ihren verschiedenen Accounts begeistern können, desto mehr Sinn können Sie stiften. Und auch wenn es hochtrabend klingt: desto mehr können Sie die Welt zum Guten beeinflussen. Die Kommunikationsabteilung allein kann diese kommunikative Aufgabe nicht erfüllen. Eine moderne Unternehmenskommunikation braucht Menschen, die dem Unternehmen ein Gesicht geben – so wie es in anderen Bereichen Greta Thunberg für den Klimawandel tut.

Die Printmedien erkennen den Trend zur Personalisierung gerade bei komplexen, schwer zugänglichen Themen schon seit einigen Jahren. Aus diesem Grund setzen sie auch in der Wirtschaftsberichterstattung immer häufiger auf die Zugkraft von Personen und unverwechselbaren Charakteren. Achten Sie einmal darauf: Die Wirtschaftsteile der großen Zeitungen und Wirtschaftsmagazine sind stark auf Unternehmenslenker, Gründer und C-Suite-Manager zugeschnitten. Interviews, Unternehmerporträts und Personalien dominieren das Bild.

Selbst in den Überschriften steht bei Unternehmensthemen der CEO an erster Stelle. »Rocket-Chef Samwer sitzt auf prall gefüllten Kassen«, titelt das *Manager Magazin*. Daneben zu sehen ist der Firmenchef in Pulli und offenem Hemd. Die wirtschaftliche Entwicklung des Unternehmens thematisiert erst der Untertitel: »Warum Rocket Internet den Rückzug von der Börse plant«. Die emotionale, personenzentrierte Titelwahl orientiert sich daran, was beim Lesepublikum in allen Ressorts am besten ankommt: Einzelpersonen.

Nach außen strahlen

Schauen wir einmal auf die Website des Chemiekonzerns BASF. Dort ist viel von Verantwortung und Nachhaltigkeit die Rede:

»Wir wollen zu einer Welt beitragen, die eine lebenswerte Zukunft mit besserer Lebensqualität für alle bietet. Deshalb unterstützen wir unsere Kunden und die Gesellschaft mit Chemie, die vorhandene Ressourcen bestmöglich nutzt. Unseren Unternehmenszweck ›We create chemistry for a sustainable future‹ verfolgen wir, indem wir in Einkauf und Produktion verantwortungsvoll handeln, ein fairer und verlässlicher Partner sind, kreative Köpfe zusammenbringen, um die besten Lösungen für die Anforderungen der Märkte zu finden.«

Solche Absichtserklärungen sind ehrenwert – aber austauschbar. Jedes Unternehmen gibt sie ab. Überall klingen sie ähnlich. Entsprechend gering bleibt die Resonanz. Einzigartigkeit und Authentizität wird nicht durch glattgeschliffene PR-Formulierungen erlebbar.

»Immer mehr Menschen wollen wissen, welchen Wert Unternehmen für die Gesellschaft schaffen, wie sie die Umwelt be- oder entlasten.«
Saori Dubourg

Umso vorteilhafter wirkt es sich auf Unternehmen aus, wenn CEOs, Topmanager oder Mitarbeiter sich zur Personal Brand aufbauen. Gibt ein BASF-Vorstandsmitglied im *SZ*-Interview preis, wie es selbst Nachhaltigkeit im Alltag lebt, füllen sich die Absichtserklärungen des Unternehmens mit Leben. Plötzlich ist nicht von Nachhaltigkeit die Rede, sondern ganz konkret von Plastiktüten. So hält es Saori Dubourg – und selbstverständlich strahlt ihr persönliches Verhalten im Supermarkt auf das Unternehmen ab, das sie vertritt:

»Sie werden schmunzeln, beim Gemüseeinkauf bin ich jetzt auf Netze umgestiegen. Es gibt diese schönen kleinen Netze, die man wiederverwenden kann. Ich denke, dass jeder dabei helfen kann, das Aufkommen an Kunststoffmüll zu reduzieren.« Vom persönlichen Alltag lenkt Dubourg geschmeidig den Blick aufs große Ganze: »Die Wirtschaft befindet sich in einer Transformation. In der vergangenen Dekade ging es stark um die Globalisierung. Nun steht die kluge Nutzung von Ressourcen im Zentrum. Immer mehr Menschen wollen wissen, welchen Wert Unternehmen für die Gesellschaft schaffen, wie sie die Umwelt be- oder entlasten.«

Ob in der *Süddeutschen Zeitung*, bei Anne Will oder, mit immer mehr Durchschlagskraft, in den sozialen Medien: Sympathieträger oder Faszinationsfiguren im Vorstand tragen mehr zu Unternehmensreputation und Markenimage bei als strikt redigierte Verlautbarungen ihrer Kommunikationsabteilungen. Dahinter steht eine starke, teilweise unerfüllte Sehnsucht nach Vertrauenswürdigkeit. Das zeigt das »2019 Edelman Trust Barometer: Expectations for CEOs«. Demnach sind sich 76 Prozent der Befragten einig, dass CEOs Veränderung verantwortlich und führend vorantreiben sollen, statt darauf zu warten, dass der Staat dies tut – 11 Prozent mehr als noch 2018. Besonders in den Themenfeldern Lohngleichheit, Vorurteile und Diskriminierung, zukunftsorientierte Ausbildung und Umwelt trauen die Befragten Unternehmenslenkern mehr zu als Politikern. Wohlgemerkt: Dieses Vertrauen gilt der Kompetenz der Unternehmenslenker – nicht »dem Unternehmen« als abstrakter Größe.

Botschaften zur Unternehmens- und Produktpolitik lassen sich heute am besten kommunizieren, wenn sie an Einzelpersonen gekoppelt werden. Die Unternehmen erkennen das mehr und mehr. Sie wissen, wie sie profitieren, wenn ein Manager zum Kultstar wird. Ob sein Status nun der persönlichen Karriere dient oder nicht, ob er auf einem extremen Ego und Darstellungsbedürfnis gründet oder nicht – in jedem Fall strahlt die Aura des Persönlichen auf das Unternehmen ab.

It's the connection, stupid

Verlassen wir einen Moment lang die Unternehmenswelt. Wenden wir uns Barack Obama zu, dem Menschen mit den meisten Twitter-Followern – auch nach Ende seiner Amtszeit. Mit weit über 100 Millionen Followern ist Obamas Twitter-Konto 2019 der beliebteste Twitter-Account der Welt. Zum Vergleich: Donald Trump bringt es auf 67 Millionen Follower.

Am 17. September 2019 traf Obama mit Greta Thunberg zusammen. Dies teilte er auf Twitter mit, ergänzt durch ein Video, in dem beide einen Fist Bump austauschen: »Gerade einmal sechzehn Jahre alt – und trotzdem ist Greta Thunberg einer der wichtigsten Anwälte unseres Planeten. Weil sie erkannt hat, dass ihre Generation die Last des Klimawandels zu tragen hat, scheut sie sich nicht, auf tatsächliche Maßnahmen zu drängen.« Die Reaktion auf den Tweet war selbst für Obamas Verhältnisse fulminant: 51.000 Retweets, 331.600 »Gefällt mir«-Angaben.

Es geht aber noch weiter: Greta Thunberg retweetet am 18. September den Tweet mit dem schlichten Kommentar: »Es war großartig, mit Ihnen sprechen zu dürfen!« Die junge Klimaaktivistin hat ihrerseits bereits ansehnliche drei Millionen Follower auf Twitter, Tendenz rasant steigend. Entsprechend viel Resonanz erzielt nun auch ihr Retweet: 13.300 Retweets, 149.100 »Gefällt mir«-Angaben.

Obama und Thunberg laden nicht nur gegenseitig ihre Marken auf, sie vergrö-
ßern auch ihre Reichweite, indem sie ihre Follower zusammenführen: Einfluss
und Gestaltungskraft sind im 21. Jahrhundert zuerst und vor allem eine Frage
der Vernetzung. Das gilt für Politik und Gesellschaft ebenso wie in der Business-
welt.

Eine optimale Reichweitenstrategie lässt sich am besten mit drei Stufen
beschreiben:

Level 1: Reichweite aufbauen. Dank exklusiven Contents herausragend vernetzt zu sein und mit jedem Beitrag eine immer größere Gefolgschaft zu erreichen, ist sicher gut. Besonders schnell wächst die Gefolgschaft aber, wenn CEOs
aktiv zu Fragen und Feedback anregen und selbst an Diskussionen teilnehmen.

Level 2: Reichweite steigern. Die eigene Vernetztheit zu nutzen, um andere
groß zu machen, zahlt sich doppelt aus – zum Beispiel wenn Ex-Siemens-Vor-
stand Janina Kugel ihre Twitter-Follower auf den herausragenden Vortrag einer
anderen Topmanagerin aufmerksam macht: »Imagine a company without fear‹
says #ElizabethBryant from @SouthwestAir.«

Level 3: Reichweite potenzieren. Die allergrößten Kreise zieht es, wenn Digital Leader sich mit Menschen vernetzen, die selbst Meinungsbildner sind und die
eigenen Werte teilen – wie eben Ex-Präsident Obama mit Greta Thunberg, die in
nur einem Jahr das Klimathema stärker ins öffentliche Bewusstsein gerückt hat
als jeder weltpolitische Klimagipfel. Zusammen potenzieren sie ihren Einfluss.

Der Erfolg der CEO-Kommunikation in den sozialen Medien hängt ganz
entscheidend vom Grad und der Anzahl der Interaktionen ab. Mehr noch: Das
erzielte Social Media Engagement ist die harte Währung für den Erfolg eines
jeden Posts. Der Bericht »The State of Social«, den das Social-Media-Unterneh-
men Buffer herausgibt, zeigt: Zur Analyse der Social-Media-Aktivitäten greifen
die meisten Unternehmen zuerst auf das Social Media Engagement zurück. Erst
mit großem Abstand folgen Leads (17 Prozent) und Reichweite (12 Prozent) als

Faktoren bei der Berechnung des ROI. Je stärker, je enthusiastischer und bereitwilliger sich Follower und Kontakte mit dem CEO austauschen, desto besser. Jeder positive oder interessierte Kommentar, jeder Like und jeder geteilte Beitrag ist ein messbarer Indikator: Denn der Aufwand, den CEOs und Topmanager in ihre persönliche Social-Media-Kommunikation stecken, zeigt Wirkung. Messbar.

Besonders wertvolle Dienste leisten dabei Messaging- und Chatfunktionen. Selbst wenn Mitarbeiter und Kunden einen CEO nicht persönlich kennen, erleben sie, dass und wie er in den sozialen Medien auf Fragen und Feedback eingeht. Echt sein ohne Marketinggeklingel, aufmerksam zuhören, Anerkennung zeigen, den Austausch von Mensch zu Mensch pflegen – so entsteht Verbundenheit. Auch in den sozialen Medien. Die Steigerung der Reichweite und Reputation folgt dann ganz von selbst.

Tell your story

»Ob Sie ein Unternehmer sind, ein mittelständisches Unternehmen oder ein Fortune-500-Konzern, großartiges Marketing besteht immer darin, dass Sie Ihre Geschichte auf eine Art und Weise erzählen, dass sie Menschen dazu bringt, Ihnen abzukaufen, was Sie verkaufen«, sagt der amerikanische Multiunternehmer Gary Vaynerchuk.

Vaynerchuk, eine wahre Internetpersönlichkeit. Früher als die meisten anderen hat er den Nutzen von sozialen Kanälen verstanden und zu seinem Vorteil eingesetzt. Für CEOs und Topmanager ist Vaynerchuks Rat besonders relevant, auch wenn er polarisiert. Denn: Um das Vertrauen ihrer Mitarbeiter zu erlangen, müssen Leader als Identifikationsfigur erlebt werden – wie Supergirl oder Agent 007.

Wenn wir mit Helden im Film oder im wahren Leben mitfiebern, dann deshalb, weil wir uns mit ihnen identifizieren – mit ihrem Charme und ihrer Stärke, aber auch mit ihren Fehlern und Pleiten. Leadern in Politik und Wirtschaft bietet die urmenschliche Sehnsucht nach Helden eine besondere Chance. Durch das Kommunizieren ihrer »Heldengeschichte« können sie Interesse gewinnen, Menschen zum Guten motivieren und Teams den Weg durch Krisen und Veränderungen weisen.

Was eine wirksame Heldengeschichte ausmacht, hat der US-amerikanische Ethnologe Joseph Campbell vor 70 Jahren in seinem legendären Buch »Der Heros in tausend Gestalten« erforscht. Die wichtigste Erkenntnis daraus lässt sich in einem Satz zusammenfassen: Es ist der ewig gleiche Heldentypus, der Leser und Zuschauer, Follower, Fans und Kontakte fesselt. Wichtigste Regel: Helden dürfen keine Überflieger sein. Damit Menschen sich mit ihnen identifizieren können, brauchen sie menschliche Züge. So wie Microsoft-Chef Satya Nadella, dessen Ehrgeiz mit zwölf darin bestand, Cricket zu spielen und Bankangestellter zu werden.

Topmanager müssen mit der Vorstellung brechen, ihre Gefühle, Ecken und Kanten, Schwächen und Zweifel verbergen zu müssen. Kommen Sie aus dem Panzer hervor. Lassen Sie Ihre Follower an Ihren Gedanken, Ideen, Gewinnen und Verlusten teilhaben. Aus der eigenen Erfahrung, wie Schwächen zu Stärken und Niederlagen zu Siegen wurden, erwachsen Geschichten, die Menschen fesseln, Botschaften und Werte vermitteln und zu einem Teil der Firmenkultur werden. Eine gut kommunizierte Leadership-Story ist immer inspirierend und niemals langweilig. Sie zielt darauf ab, eine bessere Zukunft zu schaffen. Entsprechend oft wird sie auch weitererzählt. Oder anders ausgedrückt: gepostet, gelikt und geshart.

Social Listening: Gute Erzähler sind immer gute Zuhörer

Und wie finden Sie den Twist, die geniale Idee, die eine – Ihre – Leadership-Story ausmacht? Am besten durch gutes Zuhören. Bevor Sie loslegen, müssen Sie Ihr Ohr ganz nah an der Zielgruppe haben. Denken Sie daran: Sie wollen keine Geschichte über sich erzählen. Sie wollen eine Geschichte für Ihre Zuhörer erzählen.

Also Ohren auf: Was sind die globalen Trends? Wer sind die Meinungsbildner? Gibt es relevante Start-ups oder Themen für Partnerschaften? Was bahnt sich in Ihrer Branche, auf Ihrem Markt an? Wie steht das Unternehmen da? Wie ist das Image der Marke? Wie kommen Ihre Produkte und Dienstleistungen bei potenziellen Kunden und Mitarbeitern an? Wie werden Sie als Leader-Persönlichkeit wahrgenommen?

Für dieses gute Zuhören hat sich längst ein Fachbegriff etabliert: Social Listening. Folgt man der Social-Media-Management-Plattform Hootsuite, geht es dabei um »das Überwachen von Social-Media-Kanälen hinsichtlich Erwähnungen Ihrer Marke, Ihrer Mitbewerber, Ihres Produkts und aller anderen Begriffe und Themen, die für Ihr Unternehmen relevant sind«. Anbieter wie Hootsuite oder Mention helfen Ihnen oder Ihrer Kommunikationsabteilung, die Nennungen und Erwähnungen Ihres Unternehmens, Ihrer Marke oder Ihrer Person zu analysieren und in praktisch umsetzbare Erkenntnisse einfließen zu lassen. Aktives Social Listening ist für CEOs aber mehr als eine Frage der Statistik. Das kann Ihnen auch keiner abnehmen. Das ist Chefsache: die Kunst, aus dem großen Rauschen im Netz die wichtigen Themen herauszufiltern, Marktentwicklungen, Querverbindungen und Geschäftsmöglichkeiten vor anderen zu erkennen und Risiken frühzeitig zu erspüren. Wie und wo sollte das gehen, wenn nicht im Netz?

Sowohl die Größe Ihres Publikums als auch die Zahl der möglichen Geschichten im Netz sind unendlich, sagt Toby Daniels, der Gründer von Social Media Week, einer der größten Plattformen für Medien, Marketing und Technologie: »Die Zahl der Nutzer von sozialen Medien lag 2018 bei 3,2 Milliarden. Bis 2020 werden fast 5 Milliarden Menschen vernetzt sein. Die sozialen Medien sind die einflussreichste Storytelling-Plattform, die wir je zur Hand hatten.«

Wie alle erfolgreichen Leader erzählt natürlich auch Toby Daniels seine eigene Leadership-Story. Sie beginnt so: »Wir hatten kein großes verfügbares Einkommen, als ich ein Kind war, und meine Mutter, die mich allein erzog, musste sich darauf konzentrieren, dass das Licht brannte und wir etwas anzuziehen hatten.

Wenn ich etwas wollte – ein neues Spielzeug, angesagte Turnschuhe oder ins Kino –, mussten wir uns etwas einfallen lassen, wie wir uns das Geld dafür verdienten.« Genau so fangen gute Geschichten an. Wir wollen wissen, wie es weitergeht.

Und wie lautet Ihre Geschichte? Ich kann Ihnen versichern: Ihre Zuhörer warten bereits. Auch Social-Media-Neulinge haben die Chance, in rasantem Tempo ein großes Publikum zu gewinnen. Siemens-CEO Joe Kaeser hat gezeigt, wie schnell dies einem deutschen Konzernchef in den sozialen Netzwerken gelingen kann. Im Juni 2017 meldete er sich erstmals auf Twitter. Keine drei Jahre später folgen ihm fast 30.000 Personen, fast so viele wie der Siemens-Presseabteilung @siemens_press. Das offizielle Sprachrohr des Gesamtkonzerns hat zwar über 4.000 Follower mehr – allerdings hat es dafür acht Jahre gebraucht…

3

FIND YOUR STORY, HONE YOUR VOICE

Persönlich heißt nicht privat, sondern echt

»We are constantly invited to be what we are.«
HENRY DAVID THOREAU

Das wesentlichste Merkmal einer erfolgreichen CEO-Brand ist Authentizität. Real zu sein. Echt. Was bedeutet »echt« eigentlich? Keine Sorge: Echt zu sein heißt nicht, dass Sie Ihre Follower über das tägliche Auf und Ab Ihres Privatlebens auf dem Laufenden halten müssen. Es heißt nicht einmal, dass Sie überhaupt Privates posten müssen. Ihre CEO-Brand ist zwar Ausdruck Ihrer CEO-Persönlichkeit, aber das heißt nicht, dass sie sich nicht konzipieren und gestalten ließe.

Alles, was Sie preisgeben, sollte im Einklang mit der Vision Ihrer Marke stehen, sie aufbauen, stärken und mit einem klaren Anspruch und Purpose sichtbar machen. Dazu müssen Sie heutzutage selbst digital kommunizieren und sich mit Menschen direkt und persönlich vernetzen.

Zugegeben, die neue Aufgabe, eine eigene CEO-Brand aufzubauen, ist weder einfach noch bequem. Auf der einen Seite wollen und müssen Sie echt kommunizieren, relevant sein, im Dialog stehen, Ihre Followerzahlen erhöhen – auf der anderen Seite gilt es, Ihre Privatsphäre ebenso zu schützen wie Ihre Reputation und Ihre Karriere. Wir haben alle von den gewaltigen Datenlecks gehört, die durch Verstoß gegen die Sicherheitsprotokolle von Facebook und anderen Anbietern entstanden sind. Wir wissen, dass Kundendaten weiterverkauft wurden: Informationen über tägliche Gewohnheiten, Interessen, Kontakte bis hin zu Einkaufsmarotten, ganz zu schweigen von persönlichen Daten und Passwörtern. Die Gefahr des Identitätsdiebstahls ist real. Es kann im Grunde jederzeit passieren, wenn wir Social Media sensible Informationen wie unsere Bank- und Kreditkartendaten anvertrauen.

Ginni Rometty, CEO von IBM, hat sich jüngst der wachsenden Gruppe von Tech-Managern angeschlossen, die sich kritisch zur Sammlung persönlicher Daten durch Konzerne wie Google und Facebook äußern. Aber sie hat uns auch eine schöne Metapher zur Beschreibung des Nutzens von Social Media geschenkt. Für sie sind die sozialen Medien die »neue Fertigungsstätte, nicht nur der neue Wasserspender« – also nicht nur ein Treffpunkt für Small Talk, wie es in den USA der Wasserspender und in Europa die Kaffeemaschinen und Teeküchen sind, sondern auch ein Ort, wo Neues erdacht, entwickelt und produziert wird. Ihrer Ansicht nach muss die Onlinekultur eines Unternehmens drei Kriterien erfüllen: Sie muss sozial, mobil und sicher sein. »Social Engagement« ist das, wie man heute gesehen wird und wie wir arbeiten«, so Rometty. »Angetrieben von einem Netzwerk, angereichert mit Wissen… das ist die Erwartung unserer Belegschaft von heute.«

»Social Engagement« ist in vieler Hinsicht sozial: »Social Engagement« beschreibt in erster Linie die neue Form der Kommunikation eines Unternehmens: direkt, dialogorientiert, unhierarchisch, spontan und digital über soziale Medien. »Social Engagement«, das klingt natürlich auch nach gesellschaftlichem Engagement und Einsatz für das Gemeinwohl. Auch wenn dieser Eindruck durch die Mehrdeutigkeit des Adjektivs »social« entstehen mag, ist die Verbindung zwischen »Social Engagement« und »sozialem Engagement« nicht völlig abwegig. Schließlich unterstreichen CEOs und Unternehmen mit ihrer Präsenz in sozialen Medien den Wert, den sie Offenheit, Transparenz und Kontakt zu Zielgruppen jeder Art beimessen. Das ist die Haltung, die Kunden, Partner und Interessenvertreter von ihnen erwarten. Heute mehr denn je.

Vier Generationen unter einem Dach

Wir dürfen nicht vergessen: In vielen Unternehmen arbeiten heutzutage vier Generationen zusammen (und die fünfte steht bereits vor den Toren). Die Generation der Babyboomer (1946–1964), die Generation X (1965–1980), die Millennials (1981–1996) und die Generation Z (1997–2012). Neue Generationen bedeuten auch neue Herausforderungen. Junge Arbeitnehmer wollen mitreden und mitbestimmen, ebenso erwarten sie, dass ihr CEO – oder auch ihr zukünftiger CEO – auf Social Media professionell zu kommunizieren weiß. Das bedeutet, wer diese wichtige Zielgruppe ansprechen, erreichen und beeinflussen möchte, sollte vor allem eins tun: nicht langweilen und sich kurzfassen. Denken Sie immer daran, dass Social-Media-Angebote eine erstaunliche Vielfalt und unendliche Fülle an Entertainment bieten, wodurch Follower von Ihren Beiträgen leicht abgelenkt werden können. Zudem ist eine der charakteristischsten Eigenschaften der Generation Z die kürzere Aufmerksamkeitsspanne. Deshalb ist der Dialog so wichtig: Wer im Gespräch ist, bleibt in Kontakt. Ihr Profil und Kommunikationsstil müssen ansprechend und interessant sein, angepasst an den jeweiligen Kanal. Eine sinnstiftende Erzählweise – Ihr Narrativ, mit dem Sie Einfluss darauf nehmen, wie Sie wahrgenommen werden wollen – ist dabei zwingend notwendig.

Am besten beantworten Sie sich selbst immer ein paar Fragen, bevor Sie etwas posten. So stellen Sie sicher, dass jeder Beitrag im Sinne der großen Geschichte, die Sie zu erzählen haben, arbeitet – und nicht dagegen:

1. Was genau ist der Grund dafür, dass ich diese Information veröffentlichen möchte?

Wenn Ihre Motive schwach oder nicht plausibel sind, wären Sie vermutlich besser beraten, auf diesen Post zu verzichten. Denken Sie immer daran: Das Internet vergisst nichts. Jede Information, die Sie posten, zahlt auf Ihre Reputation ein oder kann dazu beitragen, Ihre Marke zu verwässern.

2. Unterstützt dieser Post mein Narrativ oder meine Position im Unternehmen?

Denken Sie über Ihre derzeitige Position hinaus. Was würden Sie lieber nicht von sich oder anderen im Netz sehen? Manche Dinge passen einfach nicht in die Zeit. Auch der stärkste virale Beifall in Form von Likes und Kommentaren – zumal wenn er noch nicht einmal von der Hauptzielgruppe kommt – ist es nicht wert, einen Medien-GAU zu riskieren. Ebenso wenig hilft es, Ihr Fähnlein in den Wind zu hängen und sich jeden Tag als Gutmensch im Einsatz für jede beliebige karitative Aktion zu zeigen. Soziales Engagement ist nur dann überzeugend, wenn Sie auch dahinterstehen. Glauben Sie mir: Man merkt es Ihnen an, wenn Sie es nicht tun. Ein Zweizeiler, der in Dissonanz zu Ihrem Markenprofil steht, reicht aus, um die Kluft zwischen Schein und Sein offenzulegen.

3. Ist mir Privatsphäre wichtiger als meine Interaktionen auf Social Media?

Jede Information, die Sie posten, muss gefunden und diskutiert werden können. Wenn Sie sich fürs Teilen entscheiden, denken Sie immer daran, dass

Details jederzeit repostet, geteilt oder kommentiert werden können – und dass Posts, die Sie längst vergessen haben, auf einmal ganz oben auf der Tagesordnung stehen können. Nehmen Sie den Schutz der Privatsphäre Ihrer Angehörigen ernst. Nennen Sie zum Beispiel niemals online die Namen der Schulen, die Ihre Kinder besuchen, oder andere Details, deren Veröffentlichung dem Schutz Ihres Privatlebens schaden könnte. Posten Sie niemals ohne Erlaubnis Bilder von anderen. Und löschen Sie sofort alles, wenn Freunde, Partner oder Kollegen Sie darum bitten.

Heißt das nun, dass Sie einen ausschließlich businessorientierten Account haben müssen, mit vielleicht eher nichtssagenden Bildern und Videos von Menschen in den typischen Konferenzräumen unserer Zeit? Na ja – das wäre die gefahrloseste Option. Aber auch die langweiligste. Nein: Sie müssen den Spagat schaffen. Sie müssen einerseits sehr umsichtig mit persönlichen Informationen umgehen und andererseits etwas wagen und spannende Details über Ihr Business, Ihr Team, Ihre Produkte ebenso wie über Ihre Freizeitinteressen und Ihre Haltung zu gesellschaftsrelevanten Themen veröffentlichen.

Natürlich dürfen Sie nichts vortäuschen, was Sie nicht sind. Bitte keine Heuchelei. Aber Sie sollten grundsätzlich Ihre Werte demonstrieren und eine klare Haltung zeigen. Haltung ist deshalb für Ihre Markenbildung so wichtig, weil sie Ihrem Profil die notwendige Emotionalität verleiht, die Sie benötigen, wenn Sie andere motivieren und inspirieren möchten. Vor allem ist es die Haltung, die jeden von uns besonders macht und unseren Aussagen Nachdruck verleiht. Haltung lässt uns wahrnehmbarer werden.

Lassen Sie nicht andere entscheiden, wer Sie sind

Die digitale Welt von heute braucht Führungspersönlichkeiten, die mutig genug sind, in der Social-Media-Landschaft zu navigieren und zu kommunizieren. Aber wie? Zuallererst müssen Sie sich im Klaren sein, wer Sie sind, was Sie ausmacht, wer Sie sein möchten. Als Beratungsunternehmen mit Fokus auf Personal Branding haben wir dazu einen ausgefeilten Profiling-Prozess entwickelt. Um unseren Kunden zu maximalem Erfolg zu verhelfen, gilt es, sich zunächst genauer mit ihrer Persönlichkeit zu befassen und erst dann mit dem Unternehmen, seiner Position im Markt, seiner Mission und Vision.

Ich nenne Ihnen ein paar Fragen aus einem Pool, den mein Team und ich zum Start eines Brand-Profiling nutzen. Versuchen Sie gerne beim Lesen, Ihre eigenen Antworten zu finden. Diese Antworten geben uns einen ersten Hinweis, in welche Richtung wir eine persönliche Marke (weiter-)entwickeln können. Vielleicht regen Sie diese Fragen ebenso zum Nachdenken über Ihre Persönlichkeit an. Natürlich ist das hier nur ein kleiner Blick hinter die Kulissen des CEO-Brand-Buildings. Die eigentliche Arbeit beginnt an dem Punkt, an dem Ihre persönliche Marke in Grundzügen steht, sodass sie nuanciert und geschliffen werden kann. Eine wirkungsvolle Marke vermittelt nicht nur, wer Sie jetzt sind, sondern auch, wer Sie sein möchten und könnten.

- Haben Sie ein Markenstatement? Wie lautet es oder könnte es in einem Satz lauten?
- Was halten Sie von Technologie und der Möglichkeit, dass Roboter Menschen immer mehr Aufgaben abnehmen können?
- Wie würden Sie den perfekten Mitarbeiter charakterisieren? Wie den perfekten Kunden?
- Welche Designprodukte lieben Sie? Welche Apps sind Ihre absoluten Favoriten und warum? Und welche Apps nutzen Sie – vielleicht auch unbewusst – ständig?
- Welcher Zahlungstyp sind Sie: Apple Pay, Kreditkarte oder Bargeld?
- Samsung, Apple oder Microsoft?
- Uber, Taxi, E-Scooter oder…?

Sie merken schon: In diesem Profiling geht es nicht nur um Kennziffern, Ergebnisverantwortung und Geschäftsmodelle – auch wenn wir im Profiling danach fragen. Ziel ist die Erfassung der Businesskompetenz, die sich ebenso aus Ihrer Managementerfahrung und Ihrem beruflichen Werdegang wie aus Ihrem Charakter, Ihrem Lebensstil und Ihrem inneren Wertesystem ergibt. Die enorme Nützlichkeit dieses Schnelltests liegt in der Kombination von Wunsch und Wirklichkeit, Vergangenheit und Zukunft. Während klassische Lebensläufe und Kurzbiografien zumeist nur beschreiben, was eine Person bisher geschafft und geleistet hat, zeigt uns eine Brand auch, was diese Person in Zukunft schaffen will und schaffen kann.

Und wie geht es nach dem Profiling weiter? Gemeinsam mit unserem Kunden werten wir die Antworten aus und ermitteln, welches von drei Kernprofilen diesem Menschen am nächsten kommt. Natürlich lässt sich die Menschheit unmöglich ausschließlich in drei Kategorien einteilen. Streng genommen gibt es so viele Kategorien wie Menschen auf dieser Welt. Aber die Konzentration auf lediglich drei Kernprofile zeigt gut die Handlungsoptionen zur Stärkung einer Personal Brand auf: Wer wollen Sie sein? Wie wollen Sie wahrgenommen werden?

Das Schöne an der Trias der Kerntypen: Jede der drei Varianten besitzt ausgeprägte Kommunikationsstile und Argumentationsweisen, die als Leitfaden für eine Kommunikationsstrategie in den sozialen Medien dienen können.

Werfen wir also einen Blick auf unsere drei Kernprofile: Winner, Wizard und Warrior.

Winner – das »Gewinner«-Profil

Ein Gewinner ist der »Think big«-Typ. Winner sind die geborenen Führungspersönlichkeiten, die immer groß denken. Diese Menschen müssen nicht unbedingt immer über ein tief greifendes Expertenwissen verfügen, sie glänzen mit herausragenden Führungsfähigkeiten und ihrer festen Entschlossenheit. Sie generieren normalerweise leicht eine treue Anhängerschaft und sind Meister der öffentlichen Kommunikation. Typische Winner sind Amazon-Gründer Jeff Bezos, der zurzeit als reichster Mensch der Welt gilt, Jeff Weiner von LinkedIn und natürlich Menschen wie Steve Ballmer mit seiner unerschütterlichen Tatkraft.

Nun fragen Sie sich vielleicht: Wenn ich in meinem Unternehmen schon der Gewinner bin, wozu benötige ich dann noch die Weiterentwicklung einer persönlichen Marke? Ich kann sehr schnell auch in den sozialen Medien für Aufmerksamkeit sorgen, wie ich das bisher auch im Unternehmen und auf Kundenebene getan habe. Das ist ein weitverbreitetes Missverständnis, das ein Zeichen für mangelnde Vertrautheit mit den Regeln der digitalen Welt sein kann. Ein herausragendes Profil auf Social Media aufzubauen und zu pflegen ist etwas völlig anderes, als Menschen im »echten Leben« zu beeinflussen. Selbst der erfahrene Winner-Typ muss ganz neu denken, wenn er sich persönlich erfolgreich in den sozialen Medien positionieren will. So mancher Winner, der im persönlichen Gespräch auf sein selbstbewusstes Auftreten vertrauen kann, kommt ins Straucheln, wenn er diese Winner-Mentalität in den 280 Unicode-Zeichen eines Tweets ausdrücken soll. Das will geübt und gelernt sein. Zumal andere schon lange da sind und genug Zeit hatten, sich darin auszuprobieren.

Tim Cook von Apple und Jeff Weiner von LinkedIn zeigen uns mit ihren Posts nahezu täglich, wie sich eine optimistische Begeisterungsfähigkeit und die Gewissheit eines Gewinner-Typs in wenigen Worten auf den Punkt bringen lassen. Auffallend: Winner-Typen sprechen gerne über Leadership. Sie wissen, wie wichtig ihr Beitrag als Top-Führungskraft für den Erfolg des gesamten Unternehmens ist. Und, vielleicht noch wichtiger: Sie haben Spaß an Führung. Das zeigen sie ihren Followern bereitwillig. Jeff Weiner zum Beispiel:

»Ich wurde schon oft nach den Eigenschaften einer effektiven Führungskraft und separat nach der Bedeutung von Werten für ein Unternehmen gefragt, aber vor Kurzem wurde ich zum ersten Mal gefragt, wie die Verbindung zwischen beidem ist, das heißt, was sind meine Führungswerte? Meine Antwort: Mitfühlend. Authentisch, offen, ehrlich und konstruktiv sein, anderen dienen, mit gutem Beispiel vorangehen; inspirieren.« So knapp und präzise lässt sich gute Führung aus Sicht eines Winner-Typs beschreiben: keine Fußnoten, keine Füllwörter, keine Floskeln. Ergebnis: 11.565 »Gefällt mir«-Angaben und 567 Kommentare.

Wizard – das »Magier«-Profil

Sind Sie ein anerkannter Experte auf Ihrem Gebiet und verfügen über Spezial-wissen? Verfügen Sie über fundiertes Know-how, das sich auf eine Branche oder ein ausgewähltes Themengebiet fokussiert? Vielleicht künstliche Intelligenz und Deep Learning? Oder neue Finanzprodukte? HR? Dann sind Sie ein Wizard – ein Magier. Schauen Sie sich Satya Nadella von Microsoft und David Solomon von Goldman Sachs an: Beide verfügen über Expertenwissen auf ihrem Gebiet, beide sind bereit, dieses Wissen mit ihren Anhängern zu teilen, und gehen in ihrer Rolle als Wizard voll auf. Täglich nachzulesen auf Twitter, LinkedIn & Co.

Wenn Sie in der digitalen Welt als Wizard auftreten wollen, dann müssen Sie bereit sein, Ihre Expertise mit Ihren Followern zu teilen und zeitnah sowie authentisch und gut formuliert Fachwissen weiterzugeben. Satya Nadellas CEO-Brand lebt zum Beispiel zum beträchtlichen Teil von seiner Formel zur »Tech Intensity«, die er immer wieder heranzieht, um die Microsoft-Firmenphilosophie zu beschreiben und den Nutzen neuer Cloud-Services zu erläutern. Das ist die Zauberformel eines Wizards: Nadella wird zum Welterklärer, zum Experten für Zukunftstechnologie. Mit jedem Blogeintrag, LinkedIn-Post oder Video einer Keynote wird deutlich: Microsoft wird nicht von einem Winner-Typ (wie Steve Ballmer) geführt, sondern von einem »Zauberer«.

Natürlich kann aus einem Wizard auch ein Winner werden und Winner kön-nen einen Funken Wizard in sich tragen. Manchmal teilen beide auch einige Aspekte der dritten Kategorie: des Warriors.

Warrior – das »Krieger«-Profil

Wollen Sie immer alles Neue ausprobieren? Gehen Sie gerne voran? Glauben Sie an den Fortschritt und freuen Sie sich über jede technische Neuerung? Bietet Ihr Unternehmen seinen Kunden die modernsten Spitzentechnologien sowie die neuesten Servicelösungen? Lieben Sie den Aufbruch, das Ungewisse und den Übergang? Sind Sie überzeugt davon, dass sich ohne Offenheit und Innovati-onen nichts bewegt? Haben Sie keine Scheu, mit lauter Stimme zu sprechen?

Macht es Sie wahnsinnig, wenn gute Ideen scheitern, weil Menschen an alten Vorstellungen festhalten und nicht bereit sind, neue Sichtweisen einzunehmen? Sind Grenzen für Sie vor allem dazu da, dass Menschen wie Sie sie überwinden können? Glauben Sie auch, dass die verrückten Ideen von heute der Standard von morgen sind? Dann sind Sie ein Warrior. Willkommen im Club, dem auch Elon Musk, Richard Branson und Ginni Rometty angehören.

Ihre Erfolgsformel ist so einfach wie stringent: Immer Branchenerster sein, immer auf der Suche nach neuen Wegen, um Kunden zu begeistern. Doch Vorsicht: Die Umbrüche und der Wandel, den Sie so gerne mögen, könnte potenzielle Follower auch entfremden, anstatt sie anzuziehen. Die Social-Media-Strategie eines CEOs mit dem Branding eines Warriors muss besonders präzise austariert werden. Sie müssen als Warrior Ihre Botschaften richtig übermitteln – sonst riskieren Sie, dass Ihre Zielgruppen zurückschrecken, weil ihnen Ihre Aussagen zu drastisch erscheinen. Denken Sie an Tesla-Chef Elon Musk. Für die einen ist er ein Visionär, für die anderen ein Hasardeur. »Wenn ein deutscher Vorstands-Chef proaktiv sein Unternehmen auf die Zukunft ausrichtet, gilt er als ›pathetisch‹ oder ›philosophisch‹. Wenn ein kiffender Kollege in USA von Peterchens Mondfahrt spricht, ist er ein bestaunter Visionär.« So abfällig urteilte Siemens-Chef Joe Kaeser einen Tag nach seiner Bilanzpressekonferenz, die anscheinend nicht das Echo erfuhr, dass ihm lieb gewesen wäre. Der Tweet kann nur als Anspielung auf Tesla-Chef und Multi-Investor Elon Musk gesehen werden, der wenige Tage zuvor mit einer SpaceX-Rakete einen Tesla in die Erdumlaufbahn hatte schießen lassen. Wenige Tage, wenn nicht gar Stunden später kündigte Tesla an, für vier Milliarden Euro ein neues Werk mit Tausenden von Arbeitsplätzen in Brandenburg bauen zu wollen – keine zehn Kilometer von der Berliner Stadtgrenze entfernt. Kaum eine Meldung hatte die heimische Industrie in den letzten fünf Jahren so in Schrecken versetzen können wie die Ankündigung des Warriors Elon Musk, im Heimatland von Mercedes, Porsche, Audi und BMW schon bald Tesla-E-Autos in Serie zu produzieren.

Man muss kein Multimilliardär und kein Investor sein, um auf Social Media als Warrior aufzutreten. Was man braucht, ist eine ähnliche Unerschrockenheit wie die von Elon Musk, die dafür sorgt, dass ihn auch Gegenwind, Anfeindungen und Abwehrreaktionen nicht aus dem Sattel werfen. Und den unerschütterlichen Glauben, dass sich die Zukunft positiv gestalten lässt.

Wie sich das Social-Media-Verhalten von Winner, Wizard und Warrior unterscheidet, lässt sich am besten illustrieren, wenn wir uns anschauen, wie diese drei Typen ein und dasselbe Ereignis mit ihren Tweets oder Posts verarbeiten würden. Stellen wir uns als Anlass die Unterstützung des Unternehmens für ein Umweltschutzprojekt vor:

Der Winner würde den Anlass nutzen, um herauszustellen, wie viel erreicht wurde, weil das Unternehmen – und nicht zuletzt der CEO – dieses erfolgreiche Projekt noch erfolgreicher gemacht hat.

Der Wizard würde mit Vorliebe auf Details zum wissenschaftlichen Hintergrund eingehen oder die genauen Prozesse benennen, mit denen sein Unternehmen nachhaltigere Produktion ermöglicht, und sich bei der Gelegenheit mit einem Partner, Mitarbeiter oder Kunden zeigen. So vermittelt er Empathie.

Der Warrior nimmt das Projekt zum Anlass, um in wenigen Worten eine kühne Vision zu entwerfen und weitere bahnbrechende Projekte anzukündigen.

Ganz gleich, welches der drei W-Profile am besten zu Ihnen passt – Ihre persönliche Marke wird Ihre weitere Karriere, Ihren Einfluss auf die Belegschaft und den Erfolg Ihres Unternehmens prägen und bestimmen. Mehr noch: Sie kann Ihr gesamtes weiteres Leben beeinflussen. Auf alle Fälle schafft die Personal Brand eine Basis, der inneren Stimme zu folgen und das eigene Wirken selbst zu bestimmen: Wer selbst festlegt, wer er sein möchte, macht sich unabhängig von den Deutungen anderer. Also: Welcher W-Typ möchten Sie sein? Und denken Sie daran, was schon der legendäre Steve Jobs allen Managern ins Stammbuch geschrieben hat: »Ein Weg, dir bewusst zu werden, wer du bist, ist, dich daran zu erinnern, wer deine Helden sind.«

4

BUILD YOUR
DIGITAL WORLD

Welche Plattformen für Sie die besten sind

»Your value will not be what you know,
it will be what you share.«
GINNI ROMETTY

Die gute Nachricht für alle Winner, Wizards und Warriors – und solche, die es werden wollen: Sie fangen nicht bei null an. Ihre Kommunikationsabteilung hat mit Sicherheit bereits Vorarbeit geleistet und platziert sorgfältig und gekonnt Ihre Artikel, Vorträge und Medienauftritte. Ebenso hat Ihr Unternehmen zumindest einen professionell betriebenen Social-Media-Account. Bitte sagen Sie jetzt nicht, dass das nicht der Fall ist...

Aber Achtung: Einer der größten Fehler, den man als angehender Social-Media-Guru und Thought Leader machen kann, wäre es, einfach den Content der Unternehmensseite ins eigene Profil zu kopieren. Leadership ist mehr als ein Copy-and-Paste-Befehl. Leadership heißt, voranzugehen und, wo nötig, auch mit Konventionen zu brechen. Leadership heißt, neue Inhalte zu schaffen, frischen Wind ins vielleicht auch etwas angestaubte Unternehmensimage zu bringen.

Lassen Sie uns nun die wichtigsten sozialen Plattformen, die für den Aufbau Ihrer persönlichen Marke in der digitalen Welt hilfreich sein können, genauer anschauen und einen Blick auf die Vor- und Nachteile werfen.

LinkedIn

Schon gewusst? Wäre LinkedIn ein Mensch, könnte er in seinem Geburtsland noch keinen Alkohol kaufen. Das weltbekannte B2B-Netzwerk ist noch keine zwanzig Jahre alt, und trotzdem ist es schon ein Evergreen in der Social-Media-Welt. 2003 gegründet, hatte es 2019 bereits stolze 650 Millionen registrierte Nutzer in 200 Ländern. Dieser ebenso schnelle wie anhaltende Erfolg kommt nicht von ungefähr. In der sich extrem schnell verändernden Tech-Welt konnte und kann LinkedIn nur deshalb so erfolgreich sein und wachsen, weil es konsequent auf Benutzerfreundlichkeit (Usability) setzt und ständig neue Services und Funktionalitäten entwickelt und ausbaut. Lohn der Mühe: 40 Prozent der LinkedIn-Nutzer sind täglich auf der Plattform aktiv und sichern LinkedIn damit einen Platz unter den 25 beliebtesten Websites weltweit – sehr zur Freude von Microsoft, das das Unternehmen im Jahr 2016 für 26 Milliarden Dollar gekauft hat. Der Umsatz lag 2018 bei 5,3 Milliarden US-Dollar.

LinkedIn ist *das* Businessnetzwerk unter den globalen Social-Media-Plattformen. Wer hier ist, tauscht sich aus, um Karriere und Umsatz zu machen sowie Partner, Mitarbeiter und Kunden zu gewinnen. Und um zu lernen, Trends zu beobachten und sich mit der (Business-)Welt verbunden zu fühlen: Allein LinkedIn verzeichnet 80 Prozent der B2B-Leads auf allen Social-Media-Plattformen insgesamt. Besonders beliebt ist LinkedIn bei Hochschulabsolventen und Haushalten mit hohem Einkommen. Etwa 50 Prozent der Amerikaner mit einem Hochschulabschluss nutzen LinkedIn. Dementsprechend hoch ist auch das durchschnittliche Jahreseinkommen: 69 Prozent aller LinkedIn-Nutzer liegen mit ihrem Jahreseinkommen über dem US-amerikanischen Durchschnitt. Die größte Altersgruppe bilden mit 38 Prozent die 25- bis 35-Jährigen. Das sind 228 Millionen Menschen. 180 Millionen (30 Prozent) sind zwischen 35 und 54 Jahre alt. LinkedIn wirkt zwar sehr amerikanisch, aber nur 27 Prozent der Nutzer kommen aus den Staaten. Mit großem Tempo wird das Netzwerk immer internationaler. Entsprechend steigen auch die deutschen Nutzerzahlen.

Erste Regel für guten LinkedIn-Content: Relevanz

Die erste Regel für ein erfolgreiches LinkedIn-Profil: Ihr Content muss interessant und relevant sein. Überlegen Sie sich, was Sie selbst gerne lesen, sehen, hören und diskutieren würden, wenn Sie nur wenig Zeit zur Verfügung haben. Wie können Sie kurz, prägnant, informativ und unterhaltsam sein? Folgen Sie Menschen und Meinungsbildnern, die für Marken, Werte und Themen stehen, die Sie bewundern oder deren Inhalte für Sie wertvoll sind. Guter Content entsteht meistens durch Kombination: Leichtes und Schweres, Altes und Neues, Großes und Kleines. Gibt es einen besonderen Blickwinkel, aus dem sich aktuelle Ereignisse betrachten lassen? Ein kleines Detail, das im Zusammenhang mit großen Entwicklungen steht? Einen lokalen Snapshot eines weltweiten Trends?

Zweite Regel für guten LinkedIn-Content: Austausch

Zweite Regel: Ihr Profil muss Ihr Business-Tool sein, mit dem Sie für sich und andere messbaren Nutzen erzielen. Neben relevantem Content geht es immer um einen aktiven Austausch. Follower gewinnt man durch Engagement. Kommentieren, liken und teilen Sie interessante Beiträge und folgen Sie Usern, die an einer Geschäftsbeziehung mit Ihrem Unternehmen interessiert sein könnten. Entwickeln Sie ein »Giving Mindset«: Treten Sie in Vorleistung und teilen Sie Einsichten, Infos und Hintergründe, die Sie als hilf- und erkenntnisreich für andere betrachten.

LinkedIn bietet die wunderbare Möglichkeit, Ihre Inhalte auf unterschiedliche Art und Weise zu verbreiten: Sie können Artikel in Ihrem Profil oder auf LinkedIn Pulse posten, ebenso Videos, Livestreams, Podcasts, Infografiken, Slideshows und externe Links. Die Möglichkeiten sind also zahlreich – und dennoch gibt es auf LinkedIn »nur« drei Millionen User, die wöchentlich Inhalte »teilen«. Das heißt: Jeder neue Post hat immer noch gute Chancen, beachtet zu werden.

Dritte Regel für guten LinkedIn-Content: Konsistenz

Regel Nummer drei für LinkedIn: Konsistenz. Ein persönlicher Business-Account, an den sich nach ein paar Wochen kaum noch jemand erinnern kann, bringt Ihnen gar nichts – aber genau das ist das Schicksal vieler Profile, die eher wenig bis gar nicht aktiv sind. Sie werden übersehen, vergessen, ignoriert. Die permanente Selbsterneuerung der Algorithmen der Netzwerke zwingt Sie dazu, regelmäßig aktiv zu sein. Nur so werden Ihre Beiträge auch im Newsfeed angezeigt. Wählen Sie die Inhalte trotzdem immer sorgfältig aus und versorgen Sie Ihre Leserschaft nur mit wertvollen Informationen.

Vierte Regel für guten LinkedIn-Content: Timing

Die vierte Regel für LinkedIn: Immer das Timing im Auge behalten. Veröffentlichen Sie Ihren Content zur richtigen Zeit. Allzu oft bleibt ein großartiger Beitrag unbemerkt, unkommentiert und erhält somit weder Likes noch Shares – einfach nur, weil er an einem falschen Wochentag oder zur falschen Tageszeit online ging.

Geschäftsnetzwerke unterscheiden sich stark von anderen sozialen Netzwerken. Daher sollte es nicht überraschen, dass die beste Zeit für LinkedIn-Postings von Dienstag bis Donnerstag ist. Menschen bevorzugen den Montag, um ihre

Arbeitswoche zu organisieren und sind meistens gerade am Anfang der Woche stark eingebunden. Also nicht der ideale Tag für das Posten von Beiträgen, die nicht gerade tagesaktuell sind.

Außerdem verkürzt sich die Businesszeit auf LinkedIn immer mehr auf eine Viereinhalb-Tage-Woche. Immer mehr Führungskräfte klinken sich am Freitag bewusst aus dem Onlinekanal aus, um mehr Zeit für die Familie zu haben und/oder die Termine der kommenden Woche vorzubereiten. Somit ist auch der Freitag für einen Erstkontakt und das Posten von klassischem Business-Content suboptimal. Ebenso wie das Wochenende und der frühe Montagmorgen. Im Zuge der unvermeidlichen Montagshektik könnte es passieren, dass Sie mit Ihrem Post im Tohuwabohu untergehen – und das gilt es grundsätzlich zu vermeiden.

Onlineunternehmen sind zunehmend rund um die Uhr weltweit im Einsatz; dennoch lassen sich für LinkedIn einige Kernzeiten – unabhängig von der Zeitzone – identifizieren:

- Die meisten Klicks und Shares werden am Dienstag zwischen 11 und 24 Uhr erreicht.
- Die ungünstigsten Zeiten sind die Nachtruhezeiten von 22 bis 6 Uhr.
- Die besten Zeiten zum Posten sind zwischen 7 und 8 Uhr und von 17 bis 18 Uhr.
- Die Spitzennutzungszeiten an normalen Tagen sind um 12 Uhr und zwischen 17 und 18 Uhr.

Lassen Sie mich Ihnen ein Beispiel für eine erfolgreiche LinkedIn-Strategie geben. Einer unserer Kunden, Vorstandsvorsitzender einer namhaften Bank, war unzufrieden, weil er als Business Leader in den sozialen Medien so gut wie nicht präsent war. Allerdings zögerte er noch und wusste nicht genau, ob und vor allem wie er sich mit seinem Profil als Vorreiter der Branche positionieren sollte.

Eine spannendere Positionierungsaufgabe ließe sich kaum ausdenken: Da hat ein CEO die Digitalisierung seiner Bank maßgeblich vorangetrieben und stellt nun fest, dass diese Innovationen (noch) nicht auf die Reputation einzahlen. Seine Bank wirkt im Vergleich zu den »New Kids on the Block«, den FinTechs mit hippem Start-up-Flair, etwas gesetzt, lethargisch, unattraktiv.

Dieses Missverhältnis lässt sich nur mit einer neuen Denke im Branding und in der strategischen Kommunikation beheben – und deshalb saßen wir zusammen. Nach einem persönlichen CEO-Profiling, in dem wir auch die Finanzwelt im Allgemeinen und globale Trends erörterten, haben wir begonnen, authentischere Inhalte als die fortlaufenden Veröffentlichungen im Unternehmensaccount zu entwickeln. Seitdem posten wir stets eine perfekte Mischung aus Expertenmeinungen, relevanten Fakten und einer klaren Haltung zu aktuellen politischen und gesellschaftlichen Themen, ergänzt durch interessante Visuals, Bilder, Grafiken, Content Files und Videos. Eines unserer Kernthemen ist dabei derzeit die Frage, wie wir Menschen die Angst vor künstlicher Intelligenz nehmen können. Das klappt am besten mit Geschichten und Hintergrundinfos. Denn alles in allem erfordert dieses Thema ein gehöriges Stück Aufklärungsarbeit. Deutschland ist einerseits mit seiner gut entwickelten Technologieinfrastruktur und seiner langen Ingenieurskultur wie geschaffen dafür, auf diesem Gebiet wichtige Pionierarbeit zu leisten, andererseits sind gerade hier die Zweifel, Ängste und auch die Ablehnung besonders hoch. Ein wahrer Fundus für Social-Media-Posts zur messerscharfen Positionierung unseres Kunden!

Mit dem Hauptaugenmerk auf sein Kernthema und kontinuierlichem Posten relevanter Beiträge konnten wir die Zahl seiner wertvollen Kontakte und Follower immens steigern. Nicht nur das: Gemeinsam haben wir viele neue Ideen generiert und mit den unterschiedlichsten Menschen in der Welt diskutieren können. Das ist das Spannende an Social Media: Man lernt viel mehr, als man denkt, wenn man andere Menschen informiert und inspiriert.

Wenn Sie ein paar Ideen suchen, wie sich ein CEO auf LinkedIn präsentieren kann, suchen Sie gern nach bekannten Namen: Bill McDermott, der Ex-CEO von SAP, hat über 200.000 Follower auf LinkedIn. Tim Höttges von der Deutschen Telekom bringt es zwar »nur« auf ein Viertel davon, aber er wählt immer wieder spannenden und überraschenden Content aus, zum Beispiel einfach mal einen Bericht über seine erste E-Scooter-Tour zum Kundentermin mit dem CEO der Post DHL, Frank Appel, zusammen mit seinem Vorstandskollegen Adel Al-Saleh. Oder einen Schnappschuss, der zeigt, wie er Satya Nadella die Sonderedition magentafarbener Adidas-Sneaker überreicht. Genau wie Dieter Zetsche postet Tim Höttges übrigens konsequent auf Deutsch und auf Englisch – um möglichst viele Follower anzusprechen.

Auch Hannes Ametsreiter, der Vodafone-CEO, hat ein spannendes Profil mit einfallsreichen Inhalten und gut gemachten Videos. Sowohl Höttges als auch Ametsreiter wurden daher nicht umsonst von LinkedIn DACH als Top Voices 2018 ausgezeichnet.

Natürlich gibt es auch tolle Beispiele für weibliches Leadership. Vielfältige Inspirationen bieten unter anderem die Profile von Mary Barra, Chairwoman und CEO von General Motors, und Beth Comstock, ehemals Vice-Chair von General Electric und heute gefragte Wirtschaftsautorin. Beide überzeugen mit herausragender Content-Qualität, fachlicher Expertise und hervorragendem Leadership.

Vergessen Sie nie: Ein professionelles LinkedIn-Profil erfordert Sorgfalt und Engagement. Wählen Sie die Inhalte bewusst aus, respektieren Sie Ihr Publikum und bieten Sie Ihren Followern gehaltvolle Informationen sowie weiterführende Links zu Studien, Quellenangaben und Expertenkontakt zu einem bestimmten Themengebiet. Die erfolgreichsten Business Leader halten regelmäßig Kontakt zu ihrer Zielgruppe. Wenn Sie auf dieser Plattform zu den Top Voices gehören wollen – mit durchschnittlich siebenmal mehr Kommentaren und fünfmal mehr Shares als andere Nutzer –, dann sollten Sie wissen: Nichts geht über Fleiß. »Im Durchschnitt antworten die Top Voices doppelt so viel auf Kommentare und Posts anderer als ein Durchschnittsnutzer«, verrät uns Dan Roth, der Editor in Chief von LinkedIn.

Bevor wir auf das andere große US-Netzwerk – Twitter – und die Mutter aller Social Networks (Facebook) zu sprechen kommen, werfen wir einen Blick auf das LinkedIn-Pendant:

XING

XING ist in Deutschland zu Hause und mit aktuell 17,5 Millionen Nutzern noch immer das wichtigste Businessnetzwerk der DACH-Region. Das Hauptproblem von XING ist die inhaltlich und demografisch schwach ausgeprägte Internationalität. Deutsche Unternehmen werden zunehmend multinational und beschäftigten über sieben Millionen Menschen im Ausland. Diese Zahl stammt aus dem Jahr 2015 und dürfte inzwischen weiter angestiegen sein. Ein Mitarbeiter in Berlin wird sicher nicht nur Kontakte zu den Kolleginnen und Kollegen in München haben, sondern auch zu Menschen in Shanghai oder Palo Alto. Ebenso trägt ein internationaler Austausch mit Spezialisten aus den verschiedensten Bereichen zu neuen Kooperationen und der Entwicklung von Ideen und innovativen Lösungen bei. Und da XING nur eine begrenzte Region abdeckt, wird LinkedIn wohl in diesem Fall die naheliegende Wahl der Zukunft werden.

Das soll natürlich nicht heißen, dass Sie nun unbedingt Ihr XING-Profil löschen sollten, falls Sie eines haben. Sind Social Media aber im persönlichen Businesskontext und als Unterstützung einer eigenen Marke Neuland für Sie, bietet LinkedIn eine größere Auswahl an Möglichkeiten und Geschäftskontakten. XING ist immer dann erste Wahl, wenn es um Trends und Kontakte zu Businessthemen mit explizitem Bezug zu deutschen Branchen, deutschen Themen und deutscher Unternehmenskultur geht. Vertreter von Berufsverbänden, Coaches sowie Trainer und Berater für die DACH-Region finden Sie gut bei XING. Manager mit internationaler Ausrichtung, Wissenschaftler und Softwarespezialisten sollten Sie besser bei LinkedIn suchen.

Facebook

Auch wenn das Netzwerk Vertrauen und Freunde verliert, können Sie noch immer fast jeden auf Facebook finden. Ihre Kollegen, Ihren mürrischen Nachbarn, die Schildkröte Ihrer Tochter oder die Gaming-Seite Ihres Sohnes – sie alle haben Facebook-Profile. Wussten Sie, dass Tag für Tag eine halbe Million neuer Facebook-User hinzukommen? Das sind sechs neue Profile pro Sekunde! Als globale Marketing- und Interaktionsplattform bietet Facebook für Unternehmen einzigartige Chancen, die große Anzahl bestehender und potenzieller Kunden zu erreichen.

Heißt das, dass Ihr persönliches Facebook-Profil, verknüpft mit Ihrer Unternehmensseite, sofort zum Erfolg führt? Und dass das einfache Weiterleiten interessanter Posts das Potenzial hat, binnen Minuten weltweit verbreitet zu werden? Blitzschneller viraler Erfolg – ein Traum! Indes – der Knackpunkt ist hier das Wort »interessant«. Auch Facebook-Nutzer legen Wert auf Authentizität und relevante Inhalte.

Lassen Sie also lieber die Finger davon, einfach die Postings Ihres Unternehmens auf Ihrer eigenen Seite zu duplizieren oder anderer Leute Content zu reposten. Ihr Publikum ist anspruchsvoll. Es erwartet von Ihnen spannende und aussagekräftige Posts über wichtige, inspirierende oder unterhaltsame Themen.

Ich gebe Ihnen ein Beispiel. Ein Kunde von uns – CEO eines erfolgreichen Herstellers von Sport- und Fitnessernährung – hatte ein Problem mit seiner persönlichen Facebook-Seite: Während das Unternehmensprofil ein großes und loyales Publikum verzeichnete, verirrten sich deutlich weniger Menschen auf sein persönliches CEO-Profil. Nachdem wir alles geprüft und analysiert hatten, erkannten wir schnell: Der Social-Media-Manager, der mit den Onlineaktivitäten über alle Kanäle beauftragt war, repostete einfach die Inhalte der Firmenseite auf das persönliche Profil des CEOs. Kommentar eigentlich überflüssig. Denn, wie mehrfach betont: Fehlende Authentizität und das Duplizieren von Content sind zwei der Todsünden, die alle Bemühungen um den Aufbau einer persönlichen Marke zunichtemachen.

Wir überarbeiteten die Seite und platzierten dort ab sofort nur noch visuell ansprechende Inhalte mit mehr Relevanz für seine Zielgruppe. Die Follower bekommen ja bereits jede Menge Infos über die Produkte des Unternehmens

– trotzdem konnten wir sie überraschen und erfreuen: Verrückte Rezepte und eine Koch-Challenge des CEOs (ein leidenschaftlicher Hobbykoch) brachten gemeinsam mit einem humorvollen Beitrag über »Küchenkatastrophen« über tausend positive Kommentare ein.

Aber wie bekommt man solche Content-Ideen? Wir analysieren ständig erfolgreiche Profile und haben uns in diesem Fall von John Legere, bis 2020 CEO des amerikanischen Unternehmens T-Mobile, inspirieren lassen. Er investiert jeden Sonntag zehn Minuten für eine Live-Übertragung aus seiner Küche: Dazu stöpselt er sein T-Mobile-Handy ein, kocht ein Rezept, erklärt es nebenbei und beantwortet Fragen des Publikums über Facebook Live. Seine Kochshow wird – je nach Ausgabe – von sage und schreibe fünf Millionen Zuschauern verfolgt. Sie hat ihm über sieben Millionen Follower auf Twitter, Facebook und Instagram eingebracht. Noch besser kommen im Anschluss die geteilten Bilder und Videos vom CEO-Kochevent an – womit wir bei den Social Networks wären, die sich auf visuellen Content konzentrieren.

CEOs können sehr viel von einem echten Engagement mit ihrem Publikum mitnehmen, wenn sie sich ein persönliches Profil auf Instagram zulegen – dem Netzwerk, das mit einer Milliarde aktiver Nutzer einen bedeutenden Meilenstein erreicht hat. Diese Plattform ist ein richtiges »Hub of Engagement« und schafft lebendige Kontakte. Die Nutzer können von ihren Lieblingsmarken und -personen gar nicht genug bekommen.

Schnell da, schnell wieder weg: Stories auf Instagram

Wenn es um Fotos und gute Bilder geht, ist Instagram die Social-Media-Plattform der Wahl: Auf mehr als einer Milliarde Konten tauschen Menschen Bilder und Videos aus und erfreuen sich an hochwertigen visuellen Botschaften. Dabei geht es nicht nur um Urlaubsfotos und Katzenbilder. Sage und schreibe 80 Prozent der Konten folgen auf Instagram einem Unternehmen.

Eines der wirkungsvollsten Tools auf Instagram sind Stories: Fotos oder Videos, die maximal 24 Stunden lang für die Nutzer sichtbar sind und dann verschwinden. Die Story-Funktion wurde 2016 nach dem Vorbild der Konkurrenz-App »Snapchat« eingeführt, um Instagram für »Normalnutzer« bekannter zu machen. Damals war die Plattform überflutet von glamourösen Berggipfelaufnahmen, Menüs in Sternerestaurants und Luxusresorts an den schönsten Stränden der Welt. Kevin Systrom, CEO von Instagram, sagte dazu: »Die größte Herausforderung für Instagram-Nutzer liegt in dem Druck, wirklich gute Fotos beisteuern zu müssen.« Und weiter: »Die Leute wollen noch viel mehr Fotos untereinander austauschen, ohne sie wie auf einer Galeriewand ausstellen zu müssen.«

Inzwischen ist unbestritten, dass Instagram mit der Einführung der Stories einen gewaltigen Sprung gemacht hat. Dieses Feature zieht täglich über 500 Millionen Nutzer an und hat die Art und Weise, wie Dinge online geteilt und konsumiert werden, auf Instagram verbessert.

Wie also können Sie Instagram-Stories nutzen, um Ihr persönliches Instagram-Geschäftsprofil voranzubringen? Wichtig ist vor allem, dass Ihre Stories realistisch, spontan und lebendig sind. Das kann ein schneller Blick in Ihren Arbeitsalltag sein oder auch ein regelmäßig erscheinender Videoblog. Viele der meistbeachteten Stories werden schnell, fast beiläufig gedreht und aufgezeichnet, dann aber mit Text, Bildunterschriften, Stickern und GIFs aufgepeppt. So bieten sie die Möglichkeit, Alltagsmomente zu teilen und sich der Zielgruppe »menschlicher« zu präsentieren. Stories nutzen das Display von Mobilgeräten optimal aus und bieten so ein schönes Format, um mit visuellen Botschaften nachhaltig im Gedächtnis zu bleiben. Immerhin 47 Prozent der Instagram-Nutzer schauen sich mindestens einmal pro Woche Stories an.

Da ergibt sich die Frage: Was ist die beste Zeit, um auf Instagram zu posten? Laut einer aktuellen Umfrage von SimilarWeb verbringen Android-Nutzer in den USA im Durchschnitt fast eine Stunde täglich auf Instagram. Wie einschlägige Untersuchungen belegen, erreichen Sie Ihr Publikum am ehesten morgens und abends sowie in der Mittagspause. Viele User nutzen diese Zeiten, um auf Nachrichtenseiten und Social Media zu stöbern.

Vielleicht möchten auch Sie den besonderen Moment festhalten, in dem Ihr Unternehmen eine Auszeichnung erhält? Oder in dem Sie selbst an einer Sport-Challenge teilnehmen oder ehrenamtliche Arbeit leisten? Lassen Sie sich von den CEOs, die bereits auf Instagram aktiv sind, inspirieren. Diese wissen genau, wie man Social Media nutzt, und Sie können eine Menge über das Erstellen einer starken Instagram-Kampagne lernen, indem Sie anderen Accounts folgen.

Sir Richard Branson, @richardbranson

Virgin-Entrepreneur Richard Branson hat Social Media schon früh zum Markenaufbau genutzt. Tatsächlich sind viele Menschen mit Branson besser vertraut als mit seinem Unternehmen, der Virgin Group. Der Milliardär ist eine äußerst interessante Persönlichkeit: Er leitet nicht nur ein immens erfolgreiches Unternehmen – er verbringt auch viel Zeit mit Dingen, an denen sein Herz hängt, wie etwa Windsurfen. Branson, der auf Twitter mehr als zwölf Millionen Follower verzeichnet, nutzt Instagram (mit über vier Millionen Followern) und andere Plattformen, um die Reichweite seiner Marke zu erhöhen und seinen Namen wie auch den seiner Virgin Group bekannter zu machen. Wir sehen ihn auf Instagram im Fitnessstudio, beim Bergwandern, auf Gartenpartys und als Gast in TV-Shows. Was wie eine Pinnwand mit vielen lustigen, zufällig entstandenen Fotos anmutet, ist das Ergebnis einer wohlkomponierten CEO-Brand. Wir sehen den Richard Branson, den Richard Branson uns zeigen möchte. Er nutzt geschickt die visuellen Vorlieben seiner Nutzer, um mit schnellen, eingängigen Botschaften die Themen, die ihn bewegen, voranzubringen: Hier eine kleine Statistik zum Fortschritt der Gleichberechtigung in der Arbeitswelt, dort ein inspirierendes Zitat von Frank Zappa oder Mark Twain. Auf Instagram stehen ein Schnappschuss am Strand und eine Mahnung für gesellschaftlichen Wandel einträchtig nebeneinander.

Tory Burch, @toryburch

Die amerikanische Modedesignerin, die ihre eigene Marke Tory Burch LLC kreierte, ist ein weiteres großartiges Beispiel. Sie ist Executive Chairwoman und Chefdesignerin ihres Unternehmens und wurde von *Forbes* in die Liste der 75 einflussreichsten Frauen der Welt aufgenommen. Wenn Sie ihr auf Instagram folgen, werden Sie schnell feststellen, wie sehr sie tagtäglich andere Frauen inspiriert. Bezeichnenderweise steht in ihrem Profil, ihr Anliegen sei »empowering women entrepreneurs«. In ihren Posts zeigt sie nicht nur die neuesten Kollektionen und Designs, sondern widmet sich auch den Errungenschaften ihrer Firma und den vielen weiblichen Köpfen und Händen, denen sie ihren Erfolg zu verdanken hat. Sie bleibt ihrer Marke stets treu. Nicht umsonst hat sie mehr als 2,3 Millionen treue und aktive Follower.

David Solomon, @davidsolomon

> *»Ich brauche eine zeitgemäßere Art, um mit meinen Mitarbeitern*
> *zu kommunizieren, von denen 75 Prozent der Generation der Millennials*
> *(und Generation Z) angehören. Für diese Menschen muss man immer ein*
> *bisschen mehr verfügbar, ein bisschen mehr verletzlich sein.«*
> David Solomon

Solomon war bereits vor seiner Ernennung zum CEO von Goldman Sachs auf Instagram als »DJ D-Sol« @djsolmusic bekannt. Auf die Frage, warum er auch in seiner Position als CEO Instagram treu bleibt, antwortete er: »Ich brauche eine zeitgemäßere Art, um mit meinen Mitarbeitern zu kommunizieren, von denen 75 Prozent der Generation der Millennials (und Generation Z) angehören. 60 Prozent sind 30 Jahre alt oder jünger.« Und weiter: »Für diese Menschen muss man immer ein bisschen mehr verfügbar, ein bisschen mehr verletzlich sein.« Salomon bietet auf seinem beruflichen Instagram-Account eine perfekte Themenmischung aus Reisen, Rockkonzerten und Shoppen beim Small Business Holiday Market – einem Markt für Kleinanbieter, den Goldman Sachs jedes Jahr zur Unterstützung der aufstrebenden Geschäftsinitiativen veranstaltet. Und schauen Sie sich auch das coolste Bild an. Zwei Größen, David Solomon und Sir Richard Branson, probieren eine Vintage-Rockgitarre aus! Sein Vorgänger als CEO von Goldman Sachs, Lloyd Blankfein, war dagegen ein absoluter Twitter-Enthusiast, der sich gerne auch mit scharfsinnigen politischen Tweets äußerte.

Twitter

Twitter ist der Kurznachrichtendienst für alle, die vor allem auf das Wort vertrauen und kurze, knackige Statements lieben. Das tun 139 Millionen aktive Nutzer pro Tag.

Wenn Sie also bisher dachten, Twitter sei vor allem die Domäne Donald Trumps – oder für die Bekanntgabe der Scheidung von Jeff Bezos –, dann darf ich Sie jetzt überraschen: Erstaunlich viele führende CEOs nutzen diese Plattform, um mit Followern Kontakt zu halten und neue Ideen an die Öffentlichkeit zu bringen. Auch viele Journalisten sind via Twitter hervorragend direkt zu erreichen. Die vorgegebene Textlänge mag man anfangs als Einschränkung empfinden – aber tatsächlich erreichen Sie gerade mit kurzen, knackigen Botschaften Ihre Leser oft besser als erwartet.

Twitter ist zudem ein hervorragendes Tool für Video-Livestreaming von spannenden Events, Konferenzen oder Präsentationen, um Ihren Kunden, Mitarbeitern und Followern den besonderen Spirit eines Moments zu vermitteln. Im Grunde ist Twitter nicht zum Verkaufen da, sondern – um es mit Sir Richard Branson zu sagen – um authentisch mit Kunden zu kommunizieren und Spaß zu haben. Menschen reagieren sehr positiv auf CEO-Tweets, wenn diese von ihren Kunden erzählen. Genau das bringt am meisten Follower, Likes und Retweets.

Wer Ideen über Crowdsourcing sammelt, stärkt die Kundenbindung und gewinnt einzigartige Einsichten von unterschiedlichsten Gruppen. So fragt Brian Chesky, CEO von AirBnB, seine Follower nach Ideen zur Verbesserung seines Unternehmens – und setzt sie um! Seit 2017 haben Reisegruppen die Möglichkeit, die Rechnung für eine Unterkunft auf mehrere Parteien aufsplitten zu lassen – eine Anregung, die sich AirBnB von seinen Kunden über Twitter holte – und sich damit einen Innovationsvorsprung vor den Wettbewerbern sicherte.

Kurz gesagt: Twitter ist ein einzigartiges Tool für alle Führungskräfte, die stärkere Kundenbeziehungen aufbauen wollen. Wenn Sie noch nicht auf Twitter sind, schauen Sie es sich an! Aber denken Sie daran: Ihre Tweets sollten schon ein bisschen aufregender sein als der Tweet eines gewissen CEOs: »Guten Morgen! Schön, hier zu sein. In meinem Account werde ich künftig meine Ansichten teilen.« Dieser Tweet hatte für einige große deutsche Zeitungen tatsächlich so viel Nachrichtenwert, dass sie ihm eine Meldung widmeten. Hoffentlich merkt besagter CEO möglichst bald, dass man auf Twitter nicht nur Ansichten, sondern auch Bilder und Videos teilen kann…

Natürlich kann Twitter auch ein Zeitfresser sein. Der Springer-Vorstandschef Mathias Döpfner erklärte vor nicht allzu langer Zeit, warum er selbst nicht auf Twitter aktiv ist: »Das kostet zu viel Zeit, produziert zu viel negative Energie und zu wenig Erkenntnis.« Mehr noch: Er forderte Journalisten auf, diesem Medium fernzubleiben, und mahnte dabei zur »vollkommenen Enthaltsamkeit«. Damit ist er nicht allein. Immer wieder hören wir von CEOs, dass sie sich, nachdem sie sich mittels Social Media eine eigene Brand aufgebaut haben, in Zukunft aus ebendiesen Kanälen wieder verabschieden wollen (mit mehr oder weniger großem Erfolg). Diese Enthaltsamkeit kann Folgen haben. Menschen erwarten, dass Unternehmen auf Social Media aktiv sind. Sie fordern von ihren eigenen Top-Führungskräften, dass sie sichtbar, nahbar und zugänglich sind. Denn in einer Welt, in der jeder die Beiträge von Tim Cook oder Bill Gates kommentieren und ebenso auch eine Antwort von ihnen erhalten kann, kann es sich niemand mehr leisten, ein Schattendasein im digitalen Universum zu fristen.

Die Wahl der Social-Media-Plattform(en) bleibt Ihnen überlassen, aber sollte auf jeden Fall gründlich überlegt und geplant werden. Manche Geschäftsfelder erfordern es, dass das Topmanagement mehrere Kanäle nutzt – für andere reicht ein gut gewählter Kanal vollkommen aus. Es ist wichtig, dass Sie Ihren Kommunikations- und Ressourcenbedarf sorgfältig analysieren, bevor Sie eine maßgeschneiderte Branding-Strategie entwickeln (lassen). Diese muss relevante Themen mit leistungsstarken visuellen Inhalten kombinieren und darf natürlich keine Kopie der Posts Ihres Unternehmens sein. Great brands are made! Seien Sie einzigartig und positionieren Sie sich als Top-Leader, so wie es Ihre Mitarbeiter, Kunden und Shareholder von Ihnen erwarten.

Damit bliebe die Frage: Was kommt als Nächstes? Werden wir erleben, wie eine neue Social-Media-Plattform nach der anderen den Markt erobert – oder kann die Branche bereits heute mit genügend Angeboten aufwarten, um selbst den anspruchsvollsten User zufriedenzustellen? Ich meine: Der Bereich Social Media, der ja aus einer Start-up-Mentalität geboren wurde, kann gar nicht statisch bleiben. Der Sektor ändert sich täglich, ob mit neuen Features für bestehende Plattformen – wie eben den Stories – oder mit der Entstehung ganz neuer Netzwerke.

Vero: (noch) kein Kraut gegen die Branchenriesen Facebook & Co.

Ein Beispiel ist Vero: Mit dem Versprechen, frei von Werbung und Algorithmen zu sein, ist die Plattform »Vero – True Social« gestartet, um Facebook-Nutzer, die sich über die zunehmende Kommerzialisierung des Branchenriesen ärgern, auf seine Seite zu ziehen. Zwar konnte die Vero-App einen rasanten Nutzeranstieg von 150.000 auf drei Millionen verzeichnen. Allerdings führten dann Serverausfälle und zahlreiche Negativberichte, die die Seriosität des Unternehmens in Zweifel zogen, zum jähen Stopp des Aufschwungs. Vorerst geht niemand davon aus, dass Vero Facebook mit seinen derzeit zwei Milliarden Nutzern ernsthaft gefährlich werden könnte. Aber mit Sicherheit wird es immer wieder Versuche geben, in das Territorium der Big Four – LinkedIn, Facebook, Instagram und Twitter – einzudringen. Der Markt entwickelt sich dynamisch und wird noch so manche neue Idee von heute auf morgen zutage fördern. Davon unabhängig bieten die großen Plattformen schon heute eine immense Auswahl an Features und Möglichkeiten, die eigene Marke mit Leben zu füllen und in Verbindung mit den Zielgruppen zu stehen.

Video- und Audioformate sind Business as usual

Egal, welche Social-Media-Plattform man betrachtet, eines fällt buchstäblich sofort ins Auge: der Siegeszug des Video-Contents. Follower und Fans wollen immer mehr hören und sehen. Auf der Anbieterseite bieten die großen Social-Media-Plattformen immer mehr Möglichkeiten zum Hochladen, Bearbeiten und Verschönern sowie Teilen, Liken, Kommentieren und Auswerten Ihres Contents. Technisch ist fast alles möglich, die Umsetzungshürde ist immens gesunken: Theoretisch brauchen Sie nicht mehr als ein Smartphone, um der Star Ihrer eigenen Videoserie zu werden. Theoretisch. In der Praxis zeigt sich, dass der Erfolg des CEO-Branding auf Social Media weniger eine Frage der Technik und des Equipments ist als eine Frage der Strategie und der Konzeption. So ist so mancher Videopost eines Topmanagers, der binnen Minuten durch das Netz wandert, gefeiert und geteilt wird, zumeist aufwendiger produziert, als es die kurze, leicht verwackelte Sequenz vermuten lässt: Von der richtigen Auswahl des Themas über die richtige Kleidung und das bewusst gesetzte Setting bis hin zum auf die Minute genau festgelegten Timing für das Posten des Videos – eine gute Videostrategie überlässt nichts dem Zufall.

Nein, Sie müssen jetzt nicht auf Teufel komm raus Ihre eigene Videoserie produzieren. Aber Sie sollten sich mit Bedacht die Frage stellen, welche und wie viele Kanäle Sie sinnvoll bedienen können. Vielleicht sind Sie ja gedanklich schon so weit und möchten Ihre eigene Podcast-Serie herausgeben. Das »neue Radio« (wie Podcasts manchmal genannt werden) bietet eine großartige Möglichkeit, unterschiedliche Zielgruppen zu erreichen. Weil immer mehr Menschen auf Hörbücher zurückgreifen und sich es zur Gewohnheit machen, Fahr- und Wartezeiten mit Informationsaufnahme zu veredeln, kann ein kurzer Podcast über Businesstrends oder Leadership-Themen echten Mehrwert bieten und eine Vielzahl an interessierten Zuhörern gewinnen – die dann wiederum Ihrer Marke folgen wollen. Schauen (hören) Sie sich ruhig mal Mark Zuckerberg an: Erst kürzlich hat er auf Spotify seinen Podcast »Tech and Society« veröffentlicht.

Ebenso sollten Sie auch in die beliebte Podcast-Serie »This Is Success« (https://play.acast.com/s/howdidit) reinhören, vielleicht sogar als Gast am Podcast teilnehmen. Außerdem empfehle ich Ihnen den engagierten Ellevate Podcast: »Conversation With Women Changing the Face of Business« (https://www.ellevatenetwork.libsyn.com).

Ob Sie nun ein Video drehen oder auf Instagram Bilder aus Ihren Kreativ-Workshops teilen, denken Sie stets daran: Sie tun es nicht der Plattform zuliebe, nicht dem Medium zuliebe, nicht einmal sich selbst zuliebe: Ihr Post steht immer ganz im Dienst Ihrer Follower und derer, die es werden wollen. Um diese Menschen zu finden und zu binden, ist Ihnen kein Weg zu weit. Und keine Plattform sollte Sie daran hindern, Abkürzungen zu nehmen und neue Wege zu gehen. Plattformen sind nur Hilfsmittel. Was zählt, ist die Verbindung zu Ihrem Publikum, die stärker wird, je mehr Sie teilen und in den Dialog treten. Dialog statt Monolog!

5

WOW, WOO AND WIN

Wie Sie Exzellenz kommunizieren

*»It's Not How Good You Are,
It's How Good You Want To Be.«*
PAUL ARDEN

Sie machte eBay groß, stand sechs Jahre lang an der Spitze des Technologiekonzerns Hewlett-Packard und wurde vom *Time Magazine* zu einer der 100 einflussreichsten Führungspersönlichkeiten der Welt gewählt. Geht es darum, wer die erste US-Präsidentin sein könnte, ist immer wieder ihr Name im Gespräch. Zunächst einmal aber macht Meg Whitman sich auf, als CEO von Quibi die Welt des Videostreaming zu revolutionieren. In der Presse wird sie gern als eiserne Lady des Silicon Valley gehandelt: kompetent, aber herzlos. So herzlos kann sie aber gar nicht sein, immerhin versammelt sie fast 2,5 Millionen Follower auf LinkedIn, über 200.000 auf Twitter und eine ebenso große Community auf Facebook für sich. Damit ist ihre Community etwa fünfzigmal so groß wie die Gefolgschaft des Siemens-Chefs Joe Kaeser – und der ist immerhin einer der aktivsten Social-CEOs in Deutschland.

Offensichtlich hat Whitman als Social CEO mehr zu geben, als so mancher Vertreter der klassischen Medien vermutet. Erfolg und eine klare Positionierung in den sozialen Medien fliegen niemandem zu, nur weil er oder sie eine berufliche Spitzenposition einnimmt. Was man auf LinkedIn, Twitter oder YouTube ist, wie viele Views, Impressionen und Interaktionen man erreicht, ergibt sich aus dem, was man dort einbringt, immer wieder neu.

Was also macht Meg Whitman für ihre Gefolgschaft so anziehend und damit als Opinion Leader so einflussreich?

Andere groß machen

Seit über zehn Jahren gibt Meg Whitman ihren Kontakten und Followern die Möglichkeit, sich selbst ein Bild von ihr zu machen. Ihre Posts, »Gefällt mir«-Angaben, Kommentare und Langbeiträge vermitteln allen, die ihr folgen, das Gefühl, sie zu kennen: ihren Leadership-Stil, ihre Disziplin, ihre Freude, Neues aufzubauen und zum Erfolg zu führen. Ihre Kontakte erfahren, dass sie fast jeden Tag eine Stunde lang mit großem Ehrgeiz schwimmt. Auch wer ihr nie begegnet ist, weiß, welche Lehren über Customer Experience sie aus der Entwicklung einer Shampooflasche zog, welche Bücher sie schätzt (zum Beispiel

Diane Tavenner, Prepared: What Kids Need for a Fulfilled Life) und was sie von Trump hält oder besser gesagt: was nicht.

>> *Je eher wir anfangen, für die Welt zu kämpfen,*
die wir für unsere Kinder wollen, desto eher werden wir sie erreichen.<<
Meg Whitman

Meg Whitman gehört nicht zu den CEOs mit der höchsten Beitragsfrequenz. Umso deutlicher zeigt ihr Beispiel: Schon vergleichsweise wenige Posts genügen, um die eigene Persönlichkeit, die eigenen Werte und gesellschaftlichen Haltungen in die Welt zu tragen. »Als CEO und Mutter weiß ich aus erster Hand, dass es nicht immer einfach ist, die eigenen Werte zu leben. Aber je eher wir anfangen, für die Welt zu kämpfen, die wir für unsere Kinder wollen, desto eher werden wir sie erreichen«, schreibt sie auf LinkedIn in einer Buchrezension für ihre CEO-Kollegin Diane Tavenner. Eisern? Hartherzig? In den sozialen Medien tritt Meg Whitman ganz anders auf.

>> *Bevor man eine Führungskraft ist, liegt der Erfolg immer im eigenen*
Wachstum. Wenn man eine Führungskraft geworden ist,
liegt der Erfolg immer im Wachstum anderer.<<
Jack Welch

In jeder Silbe ihrer Posts lässt sie uns spüren: Wie allen großen Führungspersönlichkeiten geht es ihr um mehr als um Selbstdarstellung. Viele ihrer Posts zielen darauf ab, die Welt zu einem schöneren und besseren Ort zu machen. Diese Haltung verlangt einem Leader sehr viel ab. Wie viel das sein kann, hat der legendäre General-Electric-CEO Jack Welch einmal schön auf den Punkt gebracht: »Bevor man eine Führungskraft ist, liegt der Erfolg immer im eigenen

Wachstum. Wenn man eine Führungskraft geworden ist, liegt der Erfolg immer im Wachstum anderer.«

Andere groß machen – die sozialen Medien bieten Menschen in Toppositionen die beste Plattform aller Zeiten, genau diesen Beitrag zu leisten. Und dabei selbst glänzend dazustehen. Entscheidend ist die Art und Weise der Kommunikation.

Tiefer gehen. Weiter führen

Wie Meg Whitman macht sich auch Apple-CEO Tim Cook in den sozialen Medien eher rar. Etwas mehr als 900 Tweets in sechs Jahren hat er gepostet. Das bedeutet: Er twittert regelmäßig, aber längst nicht jeden Tag. Wenn er sich allerdings zu Wort meldet, sind seine Beiträge immer ein Hingucker – beziehungsweise Hinleser. Relevant. Persönlich. Authentisch.

Vor allem seine Retweets. Ein Beispiel: Am 25. September 2019 erschien auf *Fastcompany.com*, der Website eines Magazins für Technologie, Business und Design, ein Beitrag, wie Apple sich für die Wiederherstellung der afrikanischen Savanne einsetzt. Den entsprechenden Twitter-Hinweis retweetete Tim Cook mit dem Hinweis: »Der Klimawandel betrifft uns alle – jedes Lebewesen auf der Erde. Wir arbeiten mit @ConservationOrg zusammen, um Grasland und Wälder in Kenia wiederherzustellen. Diese Lebensräume reduzieren das Kohlendioxid und schützen die Lebensgrundlage der Massai und der lokalen Elefantenpopulation.«

Am schnellsten und einfachsten wäre es für den Apple-Chef gewesen, einen Tweet, der das eigene Unternehmen schmückt, einfach zu retweeten. Tim Cook aber leitet den *Fastcompany*-Artikel nicht einfach weiter. Er kommentiert ihn in seinen eigenen Worten und seinem eigenen Tenor. Man spürt: Das Thema berührt ihn. Es stimmt zwar, dass jeder reflektierte Kommentar auf Social Media Zeit kostet. Doch der Aufwand, den Cook und sein Beraterteam investieren, zahlt sich aus. Schauen wir uns an, was der inhaltsreich kommentierte Retweet für das Branding bewirkt hat:

Erstens: Er löste ein breites Social Media Engagement aus. Fünf Tage nach Erscheinen des Tweets belief sich die Resonanz auf 671 Retweets, 4.300 »Gefällt mir«-Angaben und 134 Antworten.

Zweitens: Die humanitäre Hilfe, die Apple in Afrika leistet, klingt auf Cooks persönlichem Account nur leise an. Cook twittert das, was ich CEO-Content nenne: eine kluge Mischung aus persönlichen Interessen und Anliegen sowie Hinweisen zu technologischen Lösungen und Visionen. Aus erster Hand erfahren seine Follower, was und wer ihn bewegt und begeistert. Produktinformationen und Unternehmens-Highlights sind in seinen Tweets selten Selbstzweck. Fast immer gibt es Verbindungen zu Kunden, die sie nutzen, zu Geschäftspartnern, die sie testen, oder zu Mitarbeitern, die sie vorführen. Mit jedem Tweet erweist sich Cook als »connected«.

Drittens: Cook twittert empathisch und kompetent zu einem Thema, das komplett außerhalb der eigenen Branche und Expertise liegt. Ähnlich wie die sehr persönlich geschriebenen Buchrezensionen Meg Whitmans zeugt sein Retweet von Weitblick, der über das Tagesgeschäft hinausgeht. Für Menschen, die ihm folgen, wird er als Persönlichkeit erkennbar, die über den Tellerrand des eigenen Unternehmens schaut. Durch sein Tun ermutigt er Mitarbeiter, Kunden und Follower, es ihm gleichzutun.

It's not about you, it's about them

Leadership bedeutet zwar Vorleben und Vorangehen. Identifikationsfigur sein. Doch Ihre Kunden, Mitarbeiter und Partner müssen Ihnen die Vorbildfunktion auch zugestehen. Gerade leistungsfähige, erfolgreiche Menschen folgen nur Leadern, die sie mögen und schätzen. Diesen Zusammenhang hat die Psychologin Sapna Cheryan von der University of Washington erforscht. In einem Experiment wollte sie herausfinden, unter welchen Umständen Menschen Personen, die eine hohe Position innehaben, als nachahmenswert betrachten. Ihre Erkenntnis: Um als Rollenvorbild akzeptiert zu werden, muss man beim Gegenüber zwei Gedanken wachrufen. Erstens die Sehnsucht: »Wow, so wäre ich auch gern.« Und zweitens eine möglichst große empfundene Ähnlichkeit: »So bin ich auch, jedenfalls in manchen Punkten.« Menschen möchten sich mit erfolgreichen Leadern identifizieren.

Meg Whitman stellt das Gefühl von Ähnlichkeit und Nähe durch den simplen Satzanfang »Als CEO und Mutter« her.

Tim Cook gibt sich in seiner Twitter-Bio als Fan der Baseballmannschaft Duke Blue Devils und Nationalparkliebhaber zu erkennen. Mit diesen Vorlieben steht er sicher nicht allein.

Hala Zeine, Chief Product Officer bei Celonis, ergänzt in ihrem Twitter-Profil den Jobtitel durch eine persönliche Seite, in der sich viele wiedererkennen: »Chief Product Officer @celonis. Begeisterte Leserin, die sich für alles interessiert, besonders für alles, was Spaß macht!«

Ex-Präsident Barack Obama stellt sich seinen 110 Millionen Twitter-Followern als »Papa, Ehegatte, Präsident, Bürger« vor – und schafft es, in vier Worte gleich drei Identifikationsangebote zu packen.

Example is leadership: »Mit gutem Beispiel voranzugehen ist nicht nur der beste Weg, andere zu beeinflussen, es ist der einzige«, sagte Albert Schweitzer. Mit diesem Bonmot brachte er auf den Punkt, worum es geht, wenn Topmanager in den sozialen Medien posten: Menschen durch das eigene Beispiel zum Handeln zu bewegen. Das kann allerdings nur gelingen, wenn CEOs nahbar sind, sympathisch, faszinierend, ein Vorbild. Warum sonst sollten Mitarbeiter ihnen nacheifern wollen? Aus welchem anderen Grund sollten Kunden mit ihren Produkten Werte oder einen guten Lebensstil verbinden?

Wer Menschen erreichen und beeinflussen möchte, muss als Mensch wahrgenommen werden, dem andere gern und bereitwillig folgen.

In Beziehung treten, überzeugen, eine Verbindung herstellen – mit diesem Thema kennt sich wohl kaum jemand so gut aus wie Tinder-CEO Elie Seidman.

In einem Interview mit der *Süddeutschen Zeitung* erklärt er, wie man auf Tinder möglichst viele Menschen kennenlernt. Spektakuläre Profilbilder sind für Elie Seidman eher Ausdruck eines kontraproduktiven Balzverhaltens, langweilige Passbilder wiederum lassen Menschen kalt. »Die wichtigeren Fragen sind: Sagt ein Foto etwas über mich aus? Gibt es an diesem Foto etwas, das mir und anderen gefallen könnte? Kann man über dieses Foto reden? Es ist ein kleiner, aber feiner Unterschied: Zwinge ich jemanden, mich zu mögen – oder biete ich ihm einen Aspekt von mir an? Der Urgedanke von Tinder ist doch das Gefallen …«

Tinder wurde 2012 gegründet, ist in 190 Ländern aktiv und die meisten Nutzer sind zwischen 18 und 25 Jahre alt. Elie Seidman spricht hier also von den Menschen, die demnächst auch als Käufer, Mitarbeiter und Bewerber den Markt bestimmen werden. Auf einen Aspekt seiner Empfehlungen für die Partnersuche weise ich bei Kunden, die sich ein überzeugendes Social-Media-Profil mit viel Engagement wünschen, immer gerne hin: Beiträge, Artikel, Fotos, Videos, Studien, Podcasts oder TED-Talks dienen nicht dazu, die eigene Person in den Vordergrund zu rücken. Sie sind vielmehr eine Plattform, um andere Menschen und Zielgruppen für sich zu gewinnen. Das bedeutet auch: sie zu umwerben. Langeweile und Selbstdarstellung sind deshalb tabu.

»Es geht nicht um dich, es geht um sie!«
Wie auf Tinder ziehen Sie im Geschäftsleben und der Onlinewelt die meisten Menschen an, wenn Sie sich an eine einfache Regel halten: »Es geht nicht um dich, es geht um sie!« Im Mittelpunkt stehen die Menschen, die Sie erreichen möchten. Ihre Interessen, Themen und Möglichkeiten entscheiden, welche Aspekte Ihrer Persönlichkeit und Ihres Engagements Sie auf Social Media zeigen. Das bedeutet nicht, dass Sie Ihren Followern beeindruckende Aspekte Ihres Lebens vorenthalten sollen. Verlegerin und Publizistin Miriam Meckel beispielsweise twitterte 2017 mit beachtlicher Resonanz ein Gruppenselfie vom Frauengipfel in Berlin. Neben ihr auf dem Bild: Kanzlerin Angela Merkel. Königin Maxima der Niederlande. Christine Lagarde, die damalige Chefin des Internationalen Währungsfonds.

Natürlich sind Momentaufnahmen wie diese zu besonders, um sie nicht zu teilen. Aber bitte nicht nur und hauptsächlich! Primär geht es darum, dass Sie auf Ihren Social-Media-Profilen Ihr Gegenüber in den Mittelpunkt stellen. Menschen gewinnt man, indem man sie anerkennt und inspiriert. Eigene Erfolge in Szene zu setzen ist demgegenüber zweitrangig.

Das ist nicht anders als bei einem Business-Dinner oder einer Unterhaltung am Rande eines Wirtschaftsforums. Ob man die Aufsichtsratsberufung, die Finca auf Mallorca oder das Golfhobby erwähnt, hängt von den Gesprächspartnern ab. Mal passt es, mal eher nicht.

CEOs posten anders, die Unternehmenskommunikation auch

Fast jeder unserer Neukunden kommt mit dem gleichen Anliegen auf mich zu: Die Hochglanzbeiträge der Kommunikationsabteilung mögen auf dem Unternehmensaccount gut ankommen. Postet die C-Suite den gleichen Inhalt in den gleichen Worten mit den gleichen Bildern, bleibt die Resonanz dagegen oft verhalten. Dafür gibt es eine einfache Erklärung: Mitarbeiter, Kunden und Interessengruppen erwarten von einem CEO- oder C-Suite-Account etwas anderes als von einem Unternehmensaccount.

Guter Firmencontent ist nützlich, werblich, leicht konsumierbar. Das ist der typische Sound: »Zum dritten Mal in Folge hat es PayPal auf die Liste der besten Unternehmen des Fortune Magazins geschafft. Fortune Magazine's most admired companies. Wir streben kontinuierlich nach Spitzenleistungen in unseren Produkten, unserer Vision und unseren Werten und fühlen uns geehrt, einbezogen worden zu sein.« Vermutlich geht es Ihnen wie mir: Beiträge dieser Art haben Sie schon tausendmal gelesen. Sie sind gut gemacht, sorgfältig redigiert, optimistisch im Ton, aber trotzdem immer etwas steril und austauschbar. Wie sollte es auch anders sein? Unternehmenskanäle repräsentieren das Unternehmen breit. Entsprechend breit gefächert ist der Inhalt, entsprechend professionell, aber anonym klingt die Ansprache.

CEOs müssen »hyperrelevante Erfahrungen« bieten

Die am besten vernetzten Leader unter den CEOs posten anders und mit einer anderen Zielsetzung. Ihre Beiträge reichen inhaltlich weit über Marketinginformationen hinaus: CEO-Beiträge sind Ausdruck der Unternehmensmission und darauf ausgerichtet, die Geschicke des Unternehmens zu verändern. Kunden und Mitarbeitern bieten sie, so die Unternehmensberatung Accenture, »hyperrelevante Erfahrungen«. Mit ihren Beiträgen in den sozialen Medien stellen die am besten vernetzten CEOs eingefahrene Prozesse infrage und eröffnen den Blick für neue, geschäfts- und gesellschaftsverändernde Verhaltensweisen. Und: Sie tun dies mit ihrer eigenen, individuellen Stimme, mit ihrem Ernst, ihrem Humor, aus ihrer ureigenen Perspektive heraus.

Ein schönes Beispiel für gelungene CEO-Kommunikation ist der folgende Auszug aus einem LinkedIn-Beitrag von PayPal-Gründer und -CEO Dan Schulman: »Wenn es jemanden gibt, der mein Mantra ›Niemals dem Stillstand verfallen‹ versteht, dann ist es Nasdaq-Präsident und CEO Adena Friedman. Als Trägerin des schwarzen Gürtels in Taekwondo weiß Adena, wie sie einen Schlag ansetzen, einen Schlag annehmen und nach einem Schlag schnell wieder auf die Beine kommen muss, um noch besser auf die nächste Herausforderung vorbereitet zu sein. Ihre beeindruckende Karriere und ihre persönlichen Interessen veranschaulichen diese Hartnäckigkeit. Adena ist nicht nur eine erfolgreiche Geschäftsfrau, engagierte Mutter und Trägerin des schwarzen Gürtels, sondern hat auch mit 18 Jahren ihren Pilotenschein erworben und spricht fließend Russisch und Französisch. Ich genieße es, mit Adena zu plaudern, und gebe meine Lieblingsratschläge aus meinem Gespräch mit ihr gerne weiter.«

Sie merken den Unterschied. Dan Schulman verfasst keine sterilen Unternehmensinfos. Er lässt uns in seinen Posts und Podcasts an seinem Gedankenkosmos teilhaben. Wir lernen die Menschen kennen, die er kennt, und erfahren, was ihn an ihnen fasziniert und warum. Wir hören seine Sprechweise, die alltäglich klingt und eben nicht glattgeschliffen. Wir erleben ihn durchdrungen von dem Gefühl der Großzügigkeit und Fülle.

»Als sich mir die Gelegenheit bot, etwas ganz anderes zu machen und meine erste Rolle als CEO zu übernehmen, war das genau das Risiko, das mich reizte. Deshalb bin ich heute eine bessere Führungskraft.«
Dan Schulman

Wir lernen, dass ein erfolgsgewisser Mensch nicht über die eigenen Stärken sprechen muss, sondern lieber die Größe einer anderen, ebenso erfolgreichen CEO in aller Öffentlichkeit bewundert – und von ihr und ihren Erfahrungen lernt. Zum Beispiel, dass es sich lohnt, Gelegenheiten beim Schopf zu packen:

»Adena sagt: ›Gelegenheiten muss man beim Schopfe packen. Aber man soll auch nicht einfach irgendwohin gehen, nur weil man den aktuellen Standort nicht mag. Klar, wenn du deinen Standort nicht magst, solltest du nach neuen Möglichkeiten Ausschau halten. Aber achte darauf, dass die neue Gelegenheit dich auch wirklich begeistert.‹ Mit diesem Tipp von Adena kann ich etwas anfangen. Früher in meiner Karriere war ich jahrelang bei AT&T und hatte einen großartigen Job, den ich sehr mochte. Aber als sich mir die Gelegenheit bot, etwas ganz anderes zu machen und meine erste Rolle als CEO zu übernehmen, war das genau das Risiko, das mich reizte. Deshalb bin ich heute eine bessere Führungskraft.«

Dan Schulman versteckt sich nicht hinter Marketingfloskeln. Er drückt seine Gefühle aus und gewährt tiefe Einblicke in seine Gedankenwelt. Seine Authentizität baut Vertrauen in ihn und sein Unternehmen auf. Er lässt uns erleben, wie große Karrieren entstehen. Und noch etwas passiert: Schulmans Haltung motiviert und steckt an.

Wer seine LinkedIn-Beiträge liest oder Podcasts abonniert, wird einen Moment lang unwillkürlich auch selbst zu einem offeneren Menschen. Wir fühlen uns herausgefordert und inspiriert, auch selbst größer zu denken. Sich bei aller eigenen Ambition über den Erfolg anderer zu freuen, Kollegen und Mitbewerber nicht als Rivalen zu behandeln, sondern im Gegenteil ihre Herangehensweisen zu bewundern und daraus zu lernen.

Die LinkedIn-Posts des PayPal-CEOs verdeutlichen diesen Impetus, den es braucht, um Veränderung anzutreiben und Kunden und Mitarbeiter für neue Denk- und Handlungsmuster zu gewinnen. Relevante Themen sind das eine. Genauso wichtig aber sind die Haltung und die persönliche Werteorientierung, um die es neben allen wichtigen Fakten auch geht: Sich zu verbinden. Andere glänzen zu lassen. Erfolg zu decodieren. Und immer wieder: den Einsatz für eine bessere / positivere / kooperativere / ökologischere / gerechtere Welt.

Relevante Themen wählen

»Heute laufen Sie Gefahr, werblich zu klingen, unauthentisch und uneinladend«, lese ich in einer Studie der Unternehmensberatung Accenture. Der Satz elektrisiert. Natürlich! Die Welt des Push-Marketing ist gerade dabei, sich zu überleben. Fachleute gehen davon aus: Jeder von uns ist heute mit 10.000 bis 13.000 Werbebotschaften konfrontiert. Jeden Tag. Fast alles davon klicken wir weg, filtern wir raus, bestellen wir ab. »Digital Detox« heißt die Gegenbewegung zur Werbe- und Informationsüberflutung. Wer achtsam mit sich umgeht, legt den Rückwärtsgang ein. Push-Nachrichten werden abgestellt. Es geht darum, wieder mehr analog zu sein, beim Meditieren, beim Sport, im Garten oder mit der Familie und mit Freunden.

Das hat zur Folge: An die Stelle von Push tritt immer öfter Pull. Je informierter Menschen sind, desto mehr bestimmen sie selbst, welche Informationen sie an sich heranlassen. Anziehungskraft entwickelt vor diesem Hintergrund nur und ausschließlich das Material, das einen Nerv trifft und als qualitativ hochwertig wahrgenommen wird, genauer gesagt als relevant, authentisch und glaubwürdig. Das ist kein Nachteil. Im Gegenteil: Es ist zwar unfassbar schwer geworden, die Aufmerksamkeitsschwelle zu durchstoßen. Hat eine Informationsquelle aber Vertrauen errungen, wird sie nicht nur gelegentlich konsumiert. Sie wird mit Spannung erwartet und begeistert mit Freunden und Bekannten geteilt. Meine erste und wichtigste Empfehlung an meine Kunden lautet deshalb: Posten Sie wirklich nur spannendes Material!

Frei nach dem Leitspruch des Autopioniers Gottlieb Daimler bedeutet das: »Das Beste oder nichts.« Nur und ausschließlich die neuesten Quartalszahlen, Produkte und Arbeitszeitmodelle zu posten, widerspricht diesem Anspruch. Aktuelle Daten, Zahlen und Fakten haben zwar auch im CEO-Profil ihre Berechtigung. Doch wer in den sozialen Medien einer Vorstandsvorsitzenden oder einem Topmanager folgt, erwartet Erkenntnisse, die weit darüber hinausgehen: Einblicke aus erster Hand. Themen mit Tiefgang und Relevanz, zum Beispiel über neue Möglichkeiten durch künstliche Intelligenz, maschinelles Lernen oder autonomes Fahren. Und in Zeiten von Disruption und Volatiliät: neue Ideen für erfolgreiche Führung, zum Beispiel, wie die emotionale Bindung an das Unternehmen gestärkt oder Fehlerkultur und Innovationen vorangetrieben werden können.

Glaubwürdig wirkt es, wenn Vorstandsmitglieder sich in ihren Themen gegenseitig ergänzen, ohne deshalb die Zuständigkeiten strikt aufzuteilen. In den sozialen Medien muss es nicht zwangsläufig immer der CFO sein, der die Quartalszahlen postet. Die neuesten cloudbasierten Cyber-Security-Themen sind keinesfalls nur dem CIO vorbehalten. Informationen über neue Arbeitszeitmodelle müssen nicht ausschließlich von der CHRO kommen. Spannender wird es, wenn sich die Themen und deren Blickwinkel überlappen!

Allen Qualitäts- und Kompetenzansprüchen zum Trotz darf sich der Content von CEOs und anderen Führungskräften nie wie eine wissenschaftliche Abhandlung lesen oder wie eine Vorlesung anhören. Herausragender Content erfüllt nämlich immer mehrere Bedürfnisse. Das Edelman Trust Barometer nennt dafür vier Faktoren: Guter Inhalt ist glaubwürdig, hilft, unterhält und inspiriert. Prägnanter lässt es sich nicht ausdrücken!

Das heißt für den CEO-Content: Der gelieferte Content zeugt von höchster Kompetenz. Zugleich atmet er den Geist einer Persönlichkeit, die ihren Grundwerten, ihrer Identität, ihren Vorzügen und Emotionen treu bleibt. Unterhaltung und Nützlichkeit im Sinne von Handlungsempfehlungen und Tipps spielen im Vergleich dazu nur eine zweitrangige Rolle. Die erfolgsreichsten CEOs in den sozialen Medien zeichnen sich in allererster Linie durch ihre Inspirationskraft aus. Indem sie andere an ihrem Leben und ihren Erfahrungen teilhaben lassen, tragen sie die Unternehmenskultur ins Team und unterstützen Mitarbeiter und Kunden bei der persönlichen und beruflichen Entwicklung.

>> *Die Notwendigkeit der Vereinbarkeit von Beruf und Familie wird heute*
mehr und mehr akzeptiert. Wir sind noch nicht ganz am Ziel,
aber die Zukunft der Arbeit sieht für mich vielversprechend aus! <<
Oliver Bäte

Allianz-Chef Oliver Bäte zählt zu den CEOs, deren Personal Branding auf der ganzen Linie stimmig ist. Sein LinkedIn-Account überzeugt durch eine Mischung aus Allianz-Zahlen aus China, klaren Worten zur Work-Life-Balance, unverhüllt geäußerter Freude über die jüngsten Quartalszahlen und einzigartig und überraschend: einem Kinderbild, versehen mit seinem persönlichen Kommentar: »Kerstin Reinisch, eine wichtige Mitarbeiterin meines Teams, wird sich voraussichtlich drei Monate frei nehmen, um den Übergang ihrer Kinder zur Schule zu begleiten. Erinnert mich an die Zeit, als ich ein Sabbatjahr zur Geburt meiner Kinder genommen hatte. Damals war das ungewöhnlich. Die Notwendigkeit der Vereinbarkeit von Beruf und Familie wird heute mehr und mehr akzeptiert. Wir sind noch nicht ganz am Ziel, aber die Zukunft der Arbeit sieht für mich vielversprechend aus!« Ein anderer LinkedIn-Beitrag zeigt ihn, wie er sich auf einem internen Townhall-Meeting der Allianz vor Lachen nicht halten kann: Ein Allianz-Manager hatte an einem Beispiel aufgezeigt, wie komplex und geradezu absurd manche Prozesse gestaltet sind. Bätes trockener Kommentar (im Original auf Englisch): »Hoffentlich werden wir eines Tages in der nahen Zukunft darüber lachen können, wie komplex wir einmal waren ...«

Mit jedem einzelnen Post arbeitet der Allianz-CEO seinen digitalen Fußabdruck immer klarer heraus. In der Mischung der Beiträge entsteht eine einzigartige, unverwechselbare Positionierung, die ihn zur Marke macht. Schritt für Schritt baut er eine Reputation auf, die ihn auch in Krisen schützen wird.

Dieser Ansatz erfordert Zeit, Überlegung und manchmal auch den Schritt aus der eigenen Komfortzone. Nicht jeder CEO fühlt sich auf Anhieb damit wohl, offen von persönlichen Einsichten zu berichten, wie es beispielsweise der PayPal-CEO praktiziert, oder gar die eigenen politischen Überzeugungen mit einer Millionenanhängerschaft zu teilen, wie es uns Quibi-CEO Meg Whitman vormacht. Doch die Bereitschaft, sich zu öffnen, zahlt sich aus. Wenn Sie Menschen einladen, an Ihren Einblicken, Gefühlen und Gedanken teilzuhaben, erreichen Sie ein Netzwerk, das sich Ihnen und Ihrem Unternehmen verbunden fühlt – und das auf einer sehr persönlichen Ebene, weil es von Ihnen mehr erhält als die üblichen Werbebotschaften.

Inspiring, mind-lifting, aspirational

Manche Wörter lassen sich nicht einfach eindeutschen. Jedenfalls nicht, ohne dass der Vibe verloren geht. Ich finde: Das muss in diesem Buch auch nicht sein. Denn Social Media sind grenzenlos. Die Leader mit den meisten Followern und der höchsten Social Media Interaction kommunizieren ohnehin meistens oder teilweise in Englisch, Allianz-Vorstand Oliver Bäte genauso wie Douglas-CEO Tina Müller oder Siemens-Chef Joe Kaeser.

Doch egal, ob Deutsch oder Englisch, wichtiger als die Sprache ist der Ton. Inspirierend soll er sein. Mind-lifting. Und aspirational. Gemeint ist damit: Sie müssen Möglichkeiten aufzeigen. Sehnsüchte wecken. Zum Streben nach Höherem ermutigen. Damit sind nicht Geld oder der nächste Karriereschritt gemeint. Jedenfalls nicht in erster Linie. Vielmehr setzen Social CEOs ihren Followern (Vor-)Bilder in den Kopf, die zeigen, was es bedeutet, das eigene Potenzial voll auszuschöpfen. Leistung, selbstverständlich. Lernen. Innovation. Aber vor allem und für jeden persönlich spürbar: Freude, Stolz und persönliches Wachstum. Nicht umsonst sind CEO-Posts randvoll gepackt mit Vokabeln wie

»proud«, »enjoy«, »so happy«, »amazing«, »so great«, »looking forward« – und immer wieder: »thank you«. Zwar empfinden viele Topmanager enthusiastische Worte und offen geäußerte Emotionen als übertrieben und allzu »amerikanisch«. Tatsächlich verleihen sie einem Mindset Ausdruck, das die digitale Transformation am schnellsten voranbringt: Offenheit, Neugierde, Risikobereitschaft und Zuversicht.

Besonders gut versteht sich Cisco-CEO Chuck Robbins darauf, in den sozialen Medien diese erfolgsfördernde Kultur vorzuleben: »Awesome afternoon with our incredible @CiscoCollab team at @CiscoNorway! Thanks for the tour and the super cool demos – excited to see even more amazing innovation from this team.« Über 46.000 Twitter-Follower fühlen sich von seinem Ton angesprochen. Viel wichtiger noch: 2019 führte das Forschungs- und Beratungsinstitut Great Place to Work die nach eigenen Angaben größte jemals stattgefundene Studie zur Arbeitsplatzkultur durch. Auf Platz 1 der Liste der Top-Arbeitgeber der Welt stand: Cisco.

Aber auch in deutschsprachigen Beiträgen zeigen Business Leader immer öfter ihre Leidenschaft für herausragende Menschen und deren Ideen, zum Beispiel Douglas-CEO Tina Müller: »Noch eine Empfehlung von meiner Wochenendlektüre: Spannender Artikel der F.A.S. über @ShirinDavid. Eine wirklich inspirierende junge Frau mit beeindruckender Karriere. Umso mehr freue ich mich auf das gemeinsame Projekt! Das Ergebnis sehr bald bei uns!«

Ton und Kommunikationsstil entsprechen der Lebensweise und den Erwartungen der Millennials. Die heute 18- bis 25-Jährigen sind damit groß geworden, in Lösungen zu denken, nicht in Problemen. 70 Prozent der Altersgruppe wünschen sich mehr mentale Widerstandskraft. In einer sich ständig wandelnden Welt wollen sie klarer, kreativer und konzentrierter denken können. Als mindlifting werden Business Leader erlebt, die die Fülle des Lebens feiern und sich zugleich Lebensveränderungen gewachsen zeigen. Als nachahmenswert wird wahrgenommen, wer Übergänge zudem fair managt.

Zum Beispiel den Übergang von einem Unternehmen zum nächsten. Während ich dieses Buch schreibe, steht die frühere SAP-Topmanagerin Hala Zeine vor großen beruflichen Veränderungen. Nach einer Umstrukturierung bei SAP gab sie ihre Verantwortung für die Software S/4HANA ab. Im Anschluss übernimmt sie bei dem milliardenbewerteten und rasant wachsenden Software-Unicorn Celonis als Chief Product Officer den Bereich Produktstrategie. »Heute ist mein erster Tag bei Celonis, nach 19 Jahren SAP«, postet sie auf LinkedIn. Warum nun also Celonis?

»Die Celonauten sind wunderbar: Ich habe die drei Gründer getroffen und die Celonauten in München besucht, ihre Leidenschaft für Technologie und für die Kunden steckt einfach an! Letzten Endes habe ich mich im Moment meiner Entscheidung an eine Autofahrt mit einem Kunden erinnert, einem Supply Chain Guru. Er sagte (ungefähr): ›Hala, wenn du die Umwelt retten möchtest, sorge dafür, dass den Mitarbeitern die Arbeit Spaß macht, und überrasche die Kunden mit wunderbaren Erlebnissen; du musst die Reibungspunkte in allen Prozessen des Unternehmens entfernen, in allen Prozessen innerhalb des Unternehmens und in der Zusammenarbeit mit Partnern. Wenn du für Durchfluss sorgst, reduzierst du den Abfall.‹ Und keiner ist besser gerüstet, genau das möglich zu machen, als Celonis.« So klingt C-Suite-Content!

Andere glänzen lassen

Als Gesicht ihrer Unternehmen und wichtigste Markenbotschafter müssen CEOs und C-Suite-Manager Möglichkeiten finden, die Mission und Werte ihrer Unternehmen auf glaubwürdige Weise zu vermitteln. PayPal-CEO Dan Schulman löst diese Aufgabe, indem er andere, gleichrangige Business Leader zu seiner Podcast-Serie »Never Stand Still« einlädt. Informell und sehr vertraut spricht er mit ihnen über Denkgewohnheiten, Unternehmensführung und neue Erkenntnisse. Schulman schafft das Kunststück, seine Gäste groß herauszubringen und ihre Erfahrungen mit den Botschaften und Werten von PayPal zu verknüpfen. Für ihn und seinen Gast ist jeder Podcast eine Chance, Impulse zu geben, Werte und Ideen zu teilen und auch Mitarbeiter und Kunden zu mehr Autonomie zu empowern.

Das Format ist gekonnt gewählt. Statt die eigene Person in den Vordergrund zu rücken, baut der PayPal-CEO seinen Gästen eine Bühne. Das wirkt sympathisch und großzügig und inzwischen wählen andere CEOs einen ähnlichen Weg: Goldman-Sachs-CEO David Solomon tauscht sich in der sehr professionell gemachten Videoserie »Catch-Up with David« mit Goldman-Sachs-Mitarbeitern, Unternehmern und CEO-Kollegen aus. Sukhinder Singh Cassidy, die Präsidentin von Stubhub, dem größten Ticketmarktplatz in den USA, spricht in ihren regelmäßig erscheinenden Videos »On SET« mit anderen inspirierenden Menschen über Sport, die Unterhaltungsindustrie und Technologie.

Erfolgsallianzen bildet, wer sich auf andere Welten einlässt, mit interessanten Menschen in Beziehung tritt, sie herausstellt, ihnen zuhört und dafür das eigene Ego auch einmal zurücknimmt. Topmanager, die mit Gleichrangigen kooperieren, statt zu konkurrieren, wirken nicht nur weltläufig und aufgeschlossen. Sie fördern genau das gleiche Verhalten auf allen Unternehmensebenen. Auch Mitarbeiter, die sich erst noch für eigene Vernetzungserfahrungen öffnen müssen, erleben: In der Unternehmenskultur 4.0 sind Offenheit und Kollaboration nicht nur erlaubt. Sie sind überaus erwünscht und Treiber des Unternehmenserfolgs.

Natürlich beschränken sich die erfolgreichsten Social CEOs nicht darauf, nur andere, ebenso erfolgreiche Menschen glänzen zu lassen. Mindestens genauso oft und intensiv würdigen sie die Leistung ihrer Teams oder setzen einzelne Mitarbeiter in Szene. Der Weg dorthin ist einfach: Statt über die Ziele des Unternehmens zu posten, nimmt man die Personen, die dort arbeiten, in den Blick.

Über die eigenen Anliegen sprechen

Besonders viel Social Media Engagement erzielt Content, der zeigt: Ein Business Leader nutzt seine hohe Position, um sich einzumischen in das, was die Gesellschaft bewegt. Melinda Gates, Mitgründerin der Bill and Melinda Gates Foundation und laut *Forbes*-Magazin eine der mächtigsten Frauen der Welt, sieht im Kampf um Gleichberechtigung großen Handlungsbedarf. Um die Macht und den Einfluss von Frauen in den USA zu stärken, investiert die Stiftung in den nächsten zehn Jahren eine Milliarde US-Dollar. Bis 2030 will sie messbare Ergebnisse sehen.

Mit der Kampagne #EqualityCantWait hat sie im Sommer 2019 gemeinsam mit den profiliertesten Komikerinnen und Komikern Hollywoods eine höchst sehenswerte Videoserie auf die Beine gestellt, in der sie selbst mitwirkt. Leider bietet ein Buch zwar viel, aber keine bewegten Bilder. Deshalb kann ich Ihnen nur empfehlen, sich die Folgen, wenn Sie sie noch nicht kennen, auf https://equalitycantwait.evoke.org anzuschauen.

Einen Vorgeschmack gibt uns Melinda Gates in diesem LinkedIn-Post: »Der nächste Bill Gates wird ganz anders aussehen als der letzte. Ilana Glazer und ich erklären #EqualityCantWait«, postet sie im Sommer 2019 auf LinkedIn. Der Post kommentiert die Videofolge, die sie mit der US-amerikanischen Komikerin Ilana Glazer aufgenommen hat. Wie alle Videos der Serie ist es witzig, rasant und voller nachdenklich stimmender Zahlen wie: »2018 gab es mehr Männer mit Namen James an der Spitze der Fortune-500-Unternehmen als Frauen. In diesem Jahr befindet sich unter den 500 nur eine farbige.«

#EqualityCantWait – großartige Kampagne! Und Menschen auf der ganzen Welt teilen diese Begeisterung. Über alle Kanäle zusammen, von LinkedIn über YouTube, Twitter und Facebook bis hin zu Instagram und reddit, hat Melinda Gates mit ihrer Kampagne allein im ersten Monat Hunderttausende Menschen erreichen können.

Alle auf Social Media erfolgreichen Topmanager machen ihre gesellschaftspolitischen Anliegen zum Thema – auch wenn sie nicht ausschließlich im Einsatz ihrer eigenen Stiftung sind wie Melinda Gates. Mit einer klaren Haltung als Teil ihrer Positionierung bauen sie Vertrauen auf. Art und Umfang des Engagements sind dabei so unterschiedlich wie die Menschen, die dahinterstehen. Die einen schärfen ihr Branding mit einem großen, übergreifenden Thema, andere unterstützen punktuell und je nach Situation unterschiedliche Initiativen. Es besteht somit keine Gefahr, dass Social CEOs einander kopieren, wenn sie sich für gesellschaftliche Belange starkmachen. So vielfältig kann sich gesellschafts-politisches Engagement darstellen.

Allianz-Chef Oliver Bäte äußert sich regelmäßig zum Klimaschutz: »Klimaschutz ist nicht nur unser Business, sondern jedermanns Business. Dieses brennende Thema wird zu einer globalen Bewegung und alle Interessengruppen werden sich seiner Bedeutung bewusst – nicht nur Wissenschaftler und internationale Organisationen, sondern auch Unternehmen, Politiker und die jüngeren Generationen. Was wir brauchen, ist ein starker, konzertierter Vorstoß, um die Treibhausgasemissionen zu senken. Jede positive Veränderung der Klimapolitik ist zu begrüßen. Jeder Schritt zählt.«

Jenseits der Erfolgsmeldungen: Eindrücke und Einblicke

Insbesondere auf der Topebene gilt: Kompetenzen, Erfolge und Ehrungen sind schön und gut. Doch je weiter man nach oben steigt, desto weniger muss man auf exzellente Leistung verweisen. Achten Sie einmal darauf: Nur ganz selten postet ein CEO einen »Been-here-done-that-Post«.

Auf dem Account des CEOs erfahren die Follower zum Beispiel nicht, dass der CEO in Davos oder bei einem renommierten Summit dabei war – sondern wie es dort war. Gepostet wird über die Vorträge, die man gehört hat, die Menschen, die einen beeindruckt haben, die neuen Erkenntnisse, die man mitgenommen hat, die Rede, die nachdenklich gestimmt hat. »Diversity ist ein Motor für Exzellenz‹ hat @BarackObama gerade auf der #BITS19 @bitsandpretzels gesagt...«, lässt Starmanagerin Janina Kugel, die im Vorjahr selbst das Münchener Gründerfestival mit einer Keynote eröffnet hat, ihre über 15.000 Follower auf Twitter wissen. Das genügt. Und ist bei Weitem interessanter, als ein Selfie der Managerin vor dem Messeplakat je sein könnte.

Über die Rede, die man selbst gehalten hat, berichtet man nicht selbst. Das lässt man andere tun – am besten andere bekannte Business Leader. Das bietet wiederum die perfekte Gelegenheit, diesen Beitrag mit einem Kommentar zu versehen und zu teilen. Auf dem persönlichen CEO-Account geht es also niemals um die vordergründige Selbstdarstellung im Sinn von Selbstaufwertung. Wenn Erfolge des CEOs oder des Unternehmens mitgeteilt werden, dann immer mit einem persönlichen Twist.

Die Kontakte und Follower dürfen sich als Insider fühlen und erhalten Einblicke, die sie auf der Firmenwebsite nicht bekommen. Dieser Tweet von Douglas-CEO Tina Müller erfüllt diese Anforderungen: »Unter den Linden No. 10: Man glaubt kaum, was sich hinter der Fassade eines Flagship Stores versteckt! 8,5 km Kabel können 25 Fußballfelder umrunden oder unsere Store-Funktionalität sicherstellen: von Beleuchtung, über Kassen bis zu den Screens. #The NewFlagship #DouglasExperience.« Freude, Stolz, Staunen – das ist die Haltung, die in fast jedem CEO-Content mitschwingen sollte. Auch wer nicht dabei ist, sieht das Geschehen. Den Rest leisten Fotos, die auch auf Instagram Eindruck machen würden.

Social Listening 4.0

Allmählich kommt es in den Vorstandsetagen an: Business Leader, die sich in den sozialen Medien sicher bewegen, haben gegenüber den Wettbewerbern einen Informationsvorsprung. Nicht als Bühne, auf der Unternehmen ausschließlich ihre Ziele, Produkte und Zahlen präsentieren, sondern sie entwickeln sich immer mehr zu einem unverzichtbaren Nachrichtenkanal. Viele News werden zuerst über Social Media verbreitet und ebenso vermehrt konsumiert. Zudem erfahren Sie ungefiltert, was Ihre Kunden denken, was sich in der Branche tut, welche Ideen und Innovationen in der Luft liegen, sich zusammenballen und den Wandel vorantreiben.

Wer gut zuhören kann, erfährt am meisten! Daher setzen auch wir immer stärker auf Social-Listening-Tools, die die Reichweite von Beiträgen messen, neue Trends am Markt zeigen und herausfinden, wie unsere Kunden im Vergleich zum Mitbewerber wahrgenommen werden. Als Social CEO sollten Sie nicht jedem Post hinterherlaufen und jede »Gefällt mir«-Angabe zählen. Die neuen Social-Listening-Tools, die Social-Media-Experten das Leben ein wenig vereinfachen, müssen Sie nicht selbst benutzen. Aber es schadet auch nicht, von ihnen gehört zu haben, und daher hier eine kleine Auswahl:

Hootsuite hilft, Konversationen und Schlagwörter über mehrere Social-Media-Netzwerke hinweg zu überwachen. Es erleichtert die Reaktion auf verschiedene Kommentare und Posts in einem Team. Dazu liefert es Reports, die es erlauben, zahlreiche Social-Media-Netzwerke sowie Nachrichtenseiten, Blogs, Foren und andere Onlinebereiche zu überwachen. Echtzeit-Updates informieren zu ungewöhnlichen Aktivitätsspitzen oder -rückgängen. Markenstimmung kann aufgeschlüsselt nach Standort, Sprache und Geschlecht verfolgt werden.

Talkwalker bietet Listening- und Auswertungsfunktionen, die 150 Millionen Quellen abdecken – zum Beispiel Blogs, Foren, Videos, Nachrichten- und Review-Seiten. Durch die Kombination von Talkwalker mit Hootsuite können mithilfe von mehr als 50 Filtern entscheidende Konversationen effektiv bestimmt und kategorisiert werden. So lassen sich fundierte Entscheidungen zur Art der Interaktion mit der jeweiligen Zielgruppe treffen.

Mit **Synthesio** können Konversationen über spezifische Themen innerhalb segmentierter Zielgruppen verfolgt und kategorisiert werden – Erwähnungen nach Sprache, Standort, demografischen Daten, Stimmung und Einfluss.

Reputology: Da Social-Media-Konversationen auch über die sozialen Netzwerke hinaus stattfinden, überwacht Reputology Review-Seiten wie Yelp sowie Rezensionen auf Google.

Audiense (ehemals SocialBro) ist eine Marketingplattform, mit der Nutzer ihre Twitter-Zielgruppe analysieren und mit ihr interagieren können. Die App empfiehlt den besten Zeitpunkt, um bestimmten Zielgruppen gezielt zu twittern.

Brandwatch/Mentionlytics: Auch Brandwatch und Mentionlytics verfolgen Konversationen auf Blogs, in Foren und Social-Media-Netzwerken und helfen in Echtzeit, die eigene Onlinereputation zu tracken oder bei Krisen auf dem Laufenden zu bleiben.

Ob im realen Leben oder auf Social Media: Gute Zuhörer sind daran erkennbar, dass sie in Resonanz gehen. Sie nehmen sich die Zeit, die Beiträge anderer zu lesen (mit dem gleichen Interesse, das sie sich für die eigenen erhoffen), sie zu teilen oder zu kommentieren, Fragen zu beantworten und auf Feedback und Kritik einzugehen.

Tragfähige, langfristige Beziehungen brauchen aufrichtiges Interesse am anderen. Zuhören und Gehör zu finden steigern die innere Verbundenheit. Schon das Gefühl, dass sich die C-Suite und das Topmanagement ansprechbar zeigen, erhöht das Vertrauen und den Unternehmenserfolg. Noch mehr bewirken ein spontanes Emoji, eine »Gefällt mir«-Angabe oder ein Kommentar des CEO.

»Den Kunden, Mitarbeitern und Kollegen zuzuhören
und offen für ihre Ideen, Feedback und Antworten zu sein…
Das ist die Grundlage für den Erfolg als Führungskraft.«
Adena Friedman

Die global erfolgreichsten Social CEOs haben diese Erfahrung längst gemacht. »Den Kunden, Mitarbeitern und Kollegen zuzuhören und offen für ihre Ideen, Feedback und Antworten zu sein«, empfiehlt Nasdaq-CEO Adena Friedman. »Das ist die Grundlage für den Erfolg als Führungskraft.« Ihr Erfolg gibt ihr recht: Auf der Liste der Top Connected CEOs 2019 steht die Nasdaq-Chefin auf dem vierten Platz.

6

YOU ARE YOUR CONTENT

Wie Sie Post für Post die Marke stärken

*»If you're going to have a story,
have a big story, or none at all.«*
JOSEPH CAMPBELL

Februar 2012. Zehn Tage Segeln und Tauchen am äußeren Ende der Malediven. An Bord des 34 Meter langen Motorseglers »Maldives Siren« beobachten wir zwei Walhaie. Stundenlang. Völlig entspannt, mit geöffnetem Maul, begleiteten sie uns durch die Nacht. Wir machen uns fertig zum Schwimmen, ein Once-in-a-Lifetime-Erlebnis. Unbeschreiblich.

Am nächsten Tag setze ich mit der Crew im Schlauchboot auf eine unbewohnte Insel über. Als wir uns nähern, traue ich meinen Augen kaum. Ich erwarte den überwältigenden Anblick eines unberührten Naturparadieses: Glasklares Wasser. Weiße Strände. Kokospalmen… Stattdessen erstreckt sich vor uns ein Mülldesaster. Riesige Mengen angespülter Plastikflaschen bis in die Vegetation hinein. Was ich sehe, erschüttert mich. Nun gibt es also auch hier, in einem der faszinierendsten Taucherparadiese der Erde, apokalyptisch anmutende Strände. Das schockiert mich und berührt mich zutiefst. Von Kindheit an fühle ich mich am und auf den Meeren zu Hause. Auf die Vermüllung eines der schönsten Orte der Welt bin ich einfach nicht gefasst.

Ein Post trifft den Nerv

Sieben Jahre später gibt es auf den Malediven noch immer kein Verbot für Einwegflaschen. Aber: Es hat sich etwas getan. Weltweit nehmen immer mehr Menschen die Bedrohung der Meere und Strände ernst. 2018 wird in London zum World Oceans Day die Installation »The Wave of Waste« enthüllt, eine gigantische fünf mal zwanzig Meter große blaue Welle, auf der ein Surfer gleitet. Was von Weitem so ein attraktiver Hingucker ist, erweist sich aus der Nähe betrachtet als Augenöffner: Der Surfer ist Marvel's-Thor-Schauspieler Chris Hemsworth, der sich in Endlosloops auf einer Videoleinwand bewegt, auf einer glitzernden Welle, bestehend aus eineinhalb Tonnen weggeworfenem Plastikmüll. Der Künstler Andy Billett hat die skulpturale Recyclingkunst aus über 10.000 Plastikteilen geschaffen, um die Verschmutzung der Meere einer breiten Öffentlichkeit vor Augen zu führen. Ähnliche Installationen wie in London entstanden auch in Melbourne, Santiago, Bogotá Santo Domingo und Lima. Überall ist das Publikum eingeladen, die Müllwelle mit den eigenen Plastikflaschen noch weiter anschwellen zu lassen.

Unter dem Eindruck dieser großartigen weltweiten Bewusstseinskampagne poste ich im Sommer 2019 auf LinkedIn einen Post verbunden mit dem Aufruf, dass jeder, wirklich jeder, seinen Beitrag gegen die Plastikflut leisten kann, egal, wie klein dieser auch sein mag:

»Dieses Kunstwerk macht uns auf etwa acht Millionen Tonnen Kunststoffabfälle aufmerksam, die jedes Jahr in das Meer gelangen. Wir müssen alle Anstrengungen unternehmen, um die Ozeane zu schützen. Schon ein kleiner Schritt persönlichen Engagements ist ein wertvoller Beitrag!«

Die Resonanz ist überwältigend. Allein in den ersten drei Tagen erhält mein Post über 100.000 Views, mehr als 2.000 Likes und Hunderte von Shares. Dazu erreichen mich zahlreiche persönliche Nachrichten. Menschen erzählen mir ihre Geschichte, senden Fotos von Säuberungsaktionen an Stränden, neuen Initiativen und Ideen zum Schutz der Meere. Auch Wochen später ebbt die Welle des Interesses kaum ab.

Als Markenstrategin weiß ich um den Wert von positiver Resonanz und großem Engagement. Für jeden einzelnen Post unserer Kunden verfolgen wir dieses Ziel. Doch jetzt, da mein LinkedIn-Post derart viel Zustimmung findet – zu einem Thema, das mir so sehr am Herzen liegt –, bin ich berührt. Ich empfinde es als großes Glück, dass ich einen persönlichen kleinen Beitrag zum Schutz der Ozeane leisten kann, der weiter reicht, als beim Segeln schwimmende Plastikflaschen aus dem Wasser zu fischen. Es ist offensichtlich: Wir alle können die Themen, die uns wirklich bewegen, spürbar und messbar voranbringen.

Resonanz ist allerdings nicht planbar. Erst recht nicht mit einem einzelnen Post. Zum Opinion Leader wird man nicht über Nacht. Und wenn doch, dann bleibt man es meist nicht lang. Dazu braucht es kontinuierliche Anstrengungen. Aber – und das ist die gute Nachricht – es gibt Strategien, die die Sichtbarkeit und Strahlkraft von CEOs, C-Suite-Managern und Unternehmern messbar steigern können. Die Umsetzung ist nicht einfach, dafür umso spannender.

Branding ist ein Marathon

Wenn CEOs etwas beeindruckt, dann sind es überzeugende Zahlen. Auch beim Branding, obwohl es sich doch auf den ersten Blick hauptsächlich um weiche Faktoren handelt: Authentizität, Menschlichkeit, Empathie, Persönlichkeit. Doch auf den sozialen Plattformen lassen sich die Ergebnisse eines jeden einzelnen Posts in Zahlen messen. Erfolgreiches Personal Branding definiert sich über drei skalierbare Ebenen: Brand Visitation, Brand Interaction und Brand Loyality.

Brand Visitation bedeutet: Sie erreichen viele Menschen. Je öfter Ihr Name im Web direkt gesucht wird, desto höher ist Ihre Sichtbarkeit. Das erhöhte Suchvolumen deutet auf einen erhöhten Bekanntheitsgrad hin. Es ist eine direkte Folge Ihrer Kommunikationsanstrengungen, sei es im Fernsehen, in der Presse, durch Vorträge, Fachbeiträge oder auf den sozialen Plattformen. In puncto Brand Visitation ist die Bekanntheit deutscher CEOs durchaus ausbaufähig. Das verdeutlicht der Reputationsmonitor Dax-CEO 2014. Die Zahlen sind nicht brandneu. Trotzdem geben sie zu denken: 43 Prozent der Befragten im Alter zwischen 16 und 65 Jahren konnten keinen einzigen der 30 DAX-Vorstandsvorsitzenden beim Namen nennen. Und heute? Es gibt keine neuen Zahlen darüber, ob deutsche CEOs heute in der breiten Bevölkerung bekannter sind als vor sechs Jahren. Dank einer Studie des PR-Netzwerks ECCO International Communications wissen wir aber: Inzwischen sind mehr als die Hälfte der Vorstandschefs der weltweit größten Börsenunternehmen auf LinkedIn aktiv. Deutschland liegt im internationalen Vergleich auf Platz 12 – unter anderem hinter Frankreich, Polen, Tschechien und Südafrika. Ein Platz außerhalb der Top Ten, das ist alles andere als Champions League.

Brand Interaction bedeutet: Viele Menschen reagieren. Kommentare, Shares oder Likes der Follower setzen ein klares Zeichen: Ein Business Leader und seine Inhalte, Meinungen und Formate stoßen auf Resonanz, eine C-Suite-Managerin wird als kompetent und interessant wahrgenommen. Das hohe Social Media Engagement erhöht die Glaubwürdigkeit. So entsteht »Social Proof«, wie Psychologen den Herdentrieb umschreiben: Menschen mögen, glauben und machen das, was andere machen. So zieht ein Like den anderen nach sich. Die Zahl der Retweets oder Shares wächst und wächst, der Post breitet sich exponentiell aus und zieht immer weitere Follower an. Die Eigendynamik ist, wenn sie einmal in Fahrt kommt, kaum noch zu stoppen. »Gefällt mir«-Angaben oder Shares in drei- oder vierstelliger Höhe lassen die Reichweite rasant ansteigen, Bekanntheit, Einfluss und der Wert der CEO-Marke schwellen an. Schnell werden Sie einen einfachen Zusammenhang feststellen: Je häufiger und qualitätsvoller Sie posten, desto mehr Social Media Engagement erhalten Sie. Desto größer ist auch die Chance, dass ein Post viral geht und abhebt. Viralität und spektakuläre Followerzahlen sind allerdings nicht das oberste Ziel des CEO-Branding. Zwar mag eine millionenfache Gefolgschaft, wie sie beispielsweise der amerikanische Multiunternehmer Gary Vaynerchuk vorweisen kann, viel hermachen. Doch Masse bedeutet nicht unbedingt Klasse.

Brand Loyality bedeutet: Menschen besuchen Ihren Account regelmäßig und aus eigenem Antrieb. Sie schätzen Sie als Autorität. Und viele dieser loyalen Kontakte sind selbst sehr erfolgreich: Vorstandskollegen, Wissenschaftler, Medienvertreter, Investoren, Politiker, gefragte Spezialisten. Bei diesen Getreuen müssen Sie keine Bekanntheit mehr aufbauen, Sie stehen bereits hoch in ihrer Achtung. Das sind Kontakte, die Gold wert sind. Aber neben dem Erwerb von Bekanntheit und Einfluss ist es das oberste Ziel des CEO-Branding, auf eine relevante, ebenfalls einflussreiche Community bauen zu können. X-beliebige oder gar Fake-Follower mögen vielleicht die Followerzahl erhöhen und beeindruckend aussehen. Für die Durchsetzung Ihrer unternehmerischen Visionen benötigen Sie aber weiter reichende Kontakte: Mitarbeiter, Kunden und Partner, die Ihnen folgen wollen und sich für Ihre Meinung, Ihre Werte und Ihre Leidenschaften interessieren. Talente, Medien, Meinungsbildner sowie andere Topmanager und Business Leader, die ihrerseits einen großen wirtschaftlichen, gesellschaftlichen oder politischen Einfluss haben. In der Kommunikation mit dieser einflussreichen Klasse von Followern ist der virale Erfolg einzelner Posts ein schöner Nebeneffekt – mehr aber auch nicht.

Dies spiegelt übrigens auch die neueste Videofunktion von LinkedIn wider. Sie wird nicht nur anzeigen, wie viele Menschen das Video angeschaut haben, sondern auch, wer diese Menschen sind – inklusive Namen, Firma und Position. Dahinter steht der Gedanke: Maximale Hebelkräfte erzielt, wer seine Glaubwürdigkeit im Kreis der eigenen Bezugs- und Zielgruppen maximiert. Um dieses Ziel zu erreichen, braucht es relevante Beiträge und schnelle Reaktionen. Womit wir wieder beim berühmten langen Atem sind.

Der Content von heute ist nicht der Content von morgen. Oder doch?

Die Trends in den sozialen Medien ändern sich ständig: Storytelling, künstliche Intelligenz, Messaging, nutzergenerierter Content. Social-Media-Beiträge, die bis vor Kurzem aus der Masse herausragten, sind im nächsten Jahr vielleicht schon wieder von gestern und finden kaum Beachtung. Denken Sie einfach mal fünf Jahre zurück. Damals fiel als CEO schon positiv auf, wer überhaupt auf LinkedIn oder Twitter angemeldet war. Heute überzeugen uns nur die CEOs, die in den sozialen Medien regelmäßig aktiv sind und mehr von sich zeigen als Produktbeschreibungen, PR-Botschaften und Pressefotos.

»Organisationen können relevant bleiben, indem sie ihre Bezugsgruppen auf neu entstehenden Plattformen treffen oder sie sogar auf neue mitnehmen«, heißt es in einem Forschungsbericht der Technologieberatung Accenture. Wie lange wird noch ein beeindruckendes Foto, ein drängendes Thema, ein persönlich geschriebener LinkedIn-Post so viel Resonanz auslösen können wie mein LinkedIn-Beitrag zur »Wave of Waste«? Wir stehen am Beginn einer neuen Virtual-Reality-Ära. Schon jetzt glauben 80 Prozent der erfolgreichen Unternehmen, dass es notwendig ist, neue Plattformen zu beherrschen. Am meisten Aufmerksamkeit bekommt, wer die neuen Formate schnell annimmt und Interessengruppen mit Content gewinnt, der seiner Zeit voraus ist.

Das alles stimmt. Doch CEO-Branding lebt nicht vom kurzfristigen Hype. Der Anspruch an gelebte und akzentuierte innere Werte ändert sich auch mit innovativen Formaten und Plattformen nicht. Social CEOs müssen zwar offen sein für aufkommende Technologien und disruptive Trends. Doch der entscheidende Punkt des CEO-Branding bleibt davon unberührt: Authentizität, Transparenz, Kompetenz und Innovation werden morgen genauso gefragt sein wie heute.

Diese Art von Qualität kann weder gekauft noch gefakt werden. Kunden haben ein Gespür für diese Qualität, egal, ob analog oder digital, egal, auf welcher Plattform oder auf welchem Kanal.

Was sich ändert, ist die Darbietung und Distribution der Inhalte. Die international am besten vernetzten Social CEOs, von Richard Branson bis Melinda Gates, schreiten schon lange voran. Ihren relevanten Content packen sie in aufwendige, innovative Formate. Mehr als deutsche Topmanager kommunizieren sie visuell, seriell, dialogisch und auf vielen unterschiedlichen Distributionskanälen. Sie nutzen neue Trends aber nicht, um dem schnellen Social-Media-Erfolg nachzurennen. Ihr Maßstab sind nicht Tausende von Klicks und Likes. Sie messen sich an authentischeren, tragfähigeren Beziehungen zu Kunden, Mitarbeitern und Meinungsführern.

Content aller Arten

Varietas delectat. Abwechslung erfreut. Auch die C-Suite kommuniziert am erfolgreichsten, wenn sie ihre Inhalte in unterschiedliche Formate verpackt. 2020 wirkt es eben schnell altbacken, wenn Business Leader ausschließlich per Text und Bild kommunizieren. Wer neue Menschen gewinnen und treue Follower nicht enttäuschen oder ermüden will, setzt auf einen gut abgestimmten Mix aus Bild, Text, Audio, Video, Stories und Animation. Diese Mischung macht es einfach, Menschen auf allen Kanälen und über unterschiedliche Eingangskanäle zu erreichen. Zum Beispiel auf LinkedIn und Instagram. Visuell und auditiv. Analog und digital. Mal mit Tiefgang und Ernst, mal mit Humor und schnell konsumierbar. Ein und derselbe Content kann so auf unterschiedlichen Distributionskanälen ausgespielt werden – nur eben in unterschiedlicher Form.

Wie man Follower auf vielfältige und überraschende Weise erreicht, können Sie sich beispielhaft bei Melinda Gates anschauen. Ihre Kampagne #Equality-

CantWait promotet sie in allen nur erdenklichen Formaten: in Lang- und in Kurzform, als Podcast zum Hören und als Transkript zum Lesen, als Videoserie, als Zusammenfassung auf LinkedIn und als Gedankenanstoß bei Twitter, mit durchdesignten Bildern und schrägen Schnappschüssen, in animierten GIFs und mit einem mehrseitigen Artikel in der *Harvard Business Review*. Ja, auch mit einem Kurzvideo ihrer Kinder, versehen mit dem Kommentar: »Das ist der Grund, warum ich glaube, dass wir uns darauf konzentrieren müssen, die Macht und den Einfluss von Frauen in den Vereinigten Staaten auszubauen.«

Mit Content in allen nur erdenklichen Formaten und einem Mix aus Fachinhalten und persönlichen Einblicken erreichen Thought Leader ihre Follower auf der rationalen wie auf der emotionalen Ebene: Manche sind bereit, sich in ein Thema gedanklich zu vertiefen. Andere wollen oder können nur unterschwellig einen Impuls mitnehmen. Meine Empfehlung: Experimentieren Sie! Sie müssen nicht tun, was alle tun. CEO-Branding heißt: Wege zu finden, die die eigene Persönlichkeit zum Ausdruck bringen, und immer mal wieder auch zum Nachdenken anzuregen.

You are your tone of voice: Sprachmuster wählen, die auf das erwünschte Image einzahlen

Fast alle CEOs und C-Suite-Manager sind rhetorisch top, bringen ihre Botschaften präzise auf den Punkt und nutzen die Kraft sorgfältig gewählter Worte. Sie wissen nur zu genau: An der Unternehmensspitze kann bereits ein einziges falsches Wort ihre Reputation empfindlich gefährden. Weniger bewusst ist den meisten hingegen, welche Stimmungen sie mit ihren Sprachmustern vermitteln. Aufschluss darüber gibt eine Studie der HHL Leipzig Graduate School of Management. Die Wissenschaftler haben die Vorworte der Geschäftsberichte aller deutschen DAX-Unternehmen von 2015 bis 2017 untersucht. Mithilfe von Algorithmen, die sprachpsychologische Faktoren aus Texten ermitteln, wurden alle Vorstandsvorworte in Hinblick auf die gewählten Sprachmuster analysiert. Außerdem hat die Studie ermittelt, was das Publikum dem Sprachstil der Vorstandsvorsitzenden entnimmt – nicht nur in Bezug auf die Persönlichkeit des CEOs, sondern auch in Hinblick auf den Unternehmenserfolg. Insgesamt neun

Beschreibungsmuster dienten den Studienautoren zur Klassifikation der Editorials:

- **Dramatisierend:** interessant, spannend, übertreibend
- **Innovativ:** zukunftsweisend, unkonventionell, philosophisch
- **Inspirierend:** aktivierend, fesselnd, motivierend
- **Kompetitiv:** kämpferisch, impulsiv, angriffslustig
- **Kooperativ:** freundlich, empathisch, am Wohl anderer interessiert
- **Lenkend:** gelassen, selbstbewusst, die Führung übernehmend
- **Professionell:** strukturiert, reflektiert, verbindliche Aussagen treffend
- **Unabhängig:** meinungsstark, unbeirrt, eigenwillig
- **Unternehmerisch:** zuversichtlich, visionär, zukunftsorientiert

Das Ergebnis: Alle CEOs verwenden in ihren Vorworten alle oder fast alle neun sprachpsychologischen Faktoren. Spürbare Unterschiede ergeben sich daraus, dass einige davon stärker und andere weniger ausgeprägt sind.

Für den Aufbau Ihres CEO-Branding liefert die Studie drei grundlegende Erkenntnisse:

Erstens: Nur wenige CEOs pflegten über den Untersuchungszeitraum hinweg feste, wiederkehrende Sprachmuster. Eine Ausnahme bildet Timotheus Höttges, CEO der Deutschen Telekom, der auch als der beste Redner auf Hauptversammlungen gilt. Die meisten anderen deutschen CEOs sind sich der Aussagekraft ihrer Ausdrucksmuster weniger bewusst. Sie versäumen es, ihren Sprachstil auf ihre CEO-Brand abzustimmen und einen wiedererkennbaren Tone of Voice zu pflegen. Papier ist eben geduldig. Die Editorials sind alle wohlformuliert, informativ, positiv und gut lesbar. Aber aus ihnen spricht keine unverwechselbare Stimme, kein Charakter, keine CEO-Brand. Mit etwas Ironie kann man behaupten, dass jedes der Editorials von jedem der DAX30-CEOs hätte stammen können. Austauschbarkeit ist aber das Gegenteil von Personal Branding.

Das Erschreckende: Dieses Manko setzt sich in den sozialen Medien fort. Mit meinen Kunden erarbeite ich daher Guidelines, um ihren ganz persönlichen Tone of Voice zu entwickeln, zu verfeinern und in der Kommunikation auf sozialen und klassischen Plattformen konsistent zu nutzen.

Zweitens: Zwischen sprachpsychologischen und wirtschaftlichen Faktoren gibt es einen erstaunlichen Zusammenhang. So förderte die Studie zutage: CEOs, die eine hohe Dividende vorweisen können, kommunizieren im Editorial oft besonders »professionell« – also rational, ruhig und überlegt. Schwächelt hingegen die Ausschüttungsquote, schreiben die CEOs häufig auffallend »kompetitiv« oder »dramatisierend«. Bescheidenheit ist also auch in diesen Kreisen bekanntlich eine Zier. Erfolg behauptet man nicht, Erfolg hat man. Deshalb neigen CEOs dazu, bei Erfolg lieber die Zahlen sprechen zu lassen und sich im gepflegten Understanding zu üben. Dieser Stil mag im persönlichen Austausch mit einer »In-Group« aus Stakeholdern, Shareholdern und Analysten angemessen sein. Erfolg braucht dann keine großen Worte. Das ändert sich, wenn das Publikum größer, diverser, internationaler und vor allem flüchtiger wird: Dann erweisen sich Zurückhaltung und noble Bescheidenheit oft als Hemmschuh für Emotionalisierung und den Transport von Botschaften durch Storys, Empfindungen und persönlichen Ausdruck.

Drittens: Leser – in der Studie der HHL waren es Finanzanalysten – ziehen aus den Sprachmustern eines CEOs weiter reichende Schlüsse, als ihm und seinem Kommunikationsteam bewusst sein mag. So verzeichneten besonders »kompetitiv« kommunizierende CEOs auffallend hohe Streuungen bei den Analystenprognosen, betont »inspirierend« schreibende CEOs dagegen erzielten auffallend hohe Deckungsgleichheit mit den Prognosen.

Sprache wirkt. Unterschwellig. Als Social CEO müssen Sie sich diese Mechanismen vergegenwärtigen. Sie können lernen, Ihre Sprachmuster wahrzunehmen, zu reflektieren und Ihren Tone of Voice in den sozialen Medien zur Schärfung der eigenen Positionierung und zum Vorteil des Unternehmens einzusetzen.

You are your videos and podcasts: Sich sehen und hören lassen

Das geschriebene Wort sagt viel über einen Menschen aus. Es bietet aber auch – mehr als andere Kommunikationsformen – die Möglichkeit des Redigierens: Man kann an jedem Wort feilen, bis es sitzt. Niemand merkt, ob ein ganzes Kommunikationsteam an einem Beitrag mitgewirkt hat. Oder ob ein Post womöglich gleich aus der Feder der Assistentin stammt, die jung ist, Social-Media-Erfahrung mitbringt und den persönlichen LinkedIn-Account des Chefs einfach noch mitbetreut. Oder wie es kürzlich der CEO eines internationalen Konzerns formulierte: »So schwer kann es ja nicht sein… Wir haben doch genügend Inhalt im Marketing. Da schreibt Luisa eben noch einen Satz dazu und gut ist.«

Wer so denkt, hat nicht verstanden, was CEO-Branding bedeutet: Social CEOs nehmen ihre Follower genauso ernst wie ihre wichtigsten Kunden oder ihre Mitarbeiter. Sie planen Zeit und Ressourcen für sie ein. Vor allem aber bringen sie über die persönlichen Leistungen hinaus die eigene Persönlichkeit in den Austausch mit ein. Nichts weniger erwarten ihre Follower – und zwar so sehr, dass sie ihre Vorbilder auch im Video sehen oder im Podcast hören wollen und »nur« ihre Posts unbedingt noch lesen möchten. Der Cisco Visual Networking Index, eine Studie über die weltweite Internetnutzung, lässt keine Zweifel offen, wohin der Trend geht: Seit 2019 machen Videos ungefähr 80 Prozent des gesamten Internet-Traffics aus.

Bereits jetzt werden in einer einzigen Sekunde fast eine Million Minuten Videomaterial im Internet geteilt. Bei Podcasts zeigt sich ein ähnlicher Trend: Allein zwischen 2017 und 2018 ist der Abruf von Podcasts in Deutschland um mehr als 300 Prozent gestiegen. Vor allem für die Gruppe der 18- bis 35-Jährigen, also der wichtigsten Zielgruppe der Zukunft, scheint die Zeit vorbei zu sein, in der hauptsächlich Bilder und Texte gepostet wurden.

Ein Grund dafür ist die leichte, schnelle Konsumierbarkeit von Videos und Podcasts. Noch mehr zählt ein anderer Aspekt: Mit Videos und Podcasts bauen Sie schneller eine persönliche Beziehung zu Ihrem Publikum auf. Das Mienenspiel eines Menschen zu sehen oder seine Stimme im Ohr zu haben, erzeugt Nähe, Vertrauen.

Vor allem Videos, in geringerem Maße auch Podcasts, zeigen den ganzen Menschen: was er sagt, wie sie spricht, wie er sich bewegt, wie schlagfertig sie reagiert, welche Kleidung er trägt, wie inhaltlich sattelfest sie argumentiert, ob er sich aus der Reserve locken lässt, ob sie spontan sein kann. Beim Zuschauen und Zuhören entsteht eine Intimität, die kein Text erreicht. Natürlich kann man auch Videos und Podcasts so zurechtschnipseln und polieren, dass ein CEO sich als Hochglanzversion seiner selbst präsentiert. Doch Millennials haben ein Gespür für den Unterschied zwischen purer und inszenierter Natürlichkeit. Bei aller Professionalität wollen sie echte Menschen und authentische »In-the-moment-Einblicke« erleben, auch wenn es trotzdem professionell sein muss, bei aller Echtheit. Gar nicht so einfach!

»Erlauben Sie Ihrem Publikum Einblicke in Ihre Welt, indem Sie Ihrer Marke ein Gesicht geben!« Das empfiehlt ein White Paper des Social-Media-Dashboards Hootsuite über die Social-Media-Trends 2019. Schauen wir uns noch einmal jemanden an, der das Spiel mit den sozialen Medien schon früh verstanden hat: Allianz-CEO Oliver Bäte. Vor ein paar Jahren offenbarte er in der politischen Interviewsendung »Jung & Naiv« auf YouTube, worüber er sich richtig aufregen kann. Besonders ärgere es ihn, wenn Allianz-Kunden sich in der Verwaltung »'nen Wolf laufen«. Wenn das Unternehmen nicht kundenzentriert arbeite, das mache ihn »wirklich wahnsinnig«. Bäte sitzt mit offenem Hemdkragen da, ohne Allüren, so entspannt, als ahnte er nicht, dass das Video tausendfach abgerufen wird. Er nimmt kein Blatt vor den Mund, und wenn er sagt, dass ihn etwas sauer macht, dann sieht er auch richtig sauer aus. Sprache und Gestik sind kongruent. Nichts wirkt aufgesetzt oder geschönt. Bäte versucht erst gar nicht, sich perfekt zu inszenieren. Wahrscheinlich, weil er weiß: Gerade deshalb kommt er hundertprozentig überzeugend rüber.

Auch Melinda Gates ist selbstbewusst genug, sich in den Videos zu #EqualityCantWait aus der Deckung zu wagen. In dem Bewusstsein, dass User in den sozialen Netzwerken am liebsten lustige und unkonventionelle Videos anschauen, lädt sie bekannte amerikanische Kabarettisten ein, sich des Themas Geschlechtergleichheit anzunehmen. Und sie spielt selbst dabei mit. Als Stichwortgeberin trägt sie mit herabhängenden Mundwinkeln die Zahlen und Fakten zur Ungleichheit zwischen Männern und Frauen vor – als Steilvorlage für die Kabarettisten, die teils skurrile, teils nachdenklich stimmende Späße reißen.

»Personal Branding geht über oberflächliche Eitelkeit hinaus«, heißt es in einem Artikel des US-amerikanischen Onlinemagazins *Social Media Examiner*. »Es fängt den Zweck Ihres Lebens ein und verdeutlicht, was es für Sie bedeutet, gut zu leben. Es drückt aus, warum es Sie auf dieser Erde gibt.« Um seine Marke zu leben, muss man nicht so weit gehen wie Virgin-CEO Richard Branson, der sich für sein Unternehmen und passend zu seinem Ruf als bunter Paradiesvogel unter den Top-Unternehmern der Welt als Transvestit oder Coladose verkleidet. Aber ein wohldosiertes Maß an Persönlichkeit jenseits der inszenierten Fassade im Stil eines Hauptversammlungsauftritts sollte erkennbar sein.

Keine Sorge: Auch im Bewegtbild-Zeitalter haben sich Texte in den sozialen Medien nicht überlebt. Nach wie vor kann ein relevantes Zitat – zur richtigen Zeit, im richtigen Kanal und von der richtigen Person veröffentlicht – eine große Wirkung entfalten. In der Beliebtheit allerdings wurde Text von Videos und Podcasts überholt. In Zukunft wird auch Virtual Reality das Gefühl von Echtheit und Nähe auf eine noch intensivere Ebene heben. Noch mehr als bisher werden C-Suite-Manager dann gefordert sein, mehr als innovative Produkte, Wachstum und hohe Ausschüttungsquoten zu bieten. Es wird immer selbstverständlicher werden, sich sehen zu lassen und mehr von sich preiszugeben, als dass man Kaffee-Enthusiast oder Gerhard-Richter-Fan ist. Als Exoten werden schon in nächster Zukunft nicht mehr diejenigen gelten, die in den sozialen Medien ihre persönliche, emotionale Seite zeigen. Exoten werden diejenigen sein, die das nicht tun.

Telekom-CEO Timotheus Höttges backt 2018 vor laufender Kamera Plätzchen und blickt auf das vergangene Jahr zurück. Die Telekom habe »richtig viel gebacken bekommen«, manches sei aber auch angebrannt, berichtet er, bekleidet mit Weihnachtspulli und Kochschürze, während er Teig ausrollt und Plätzchen aussticht. Verbreitet wurde Höttges' Ansprache über die internen Kommunikationskanäle der Telekom und in den sozialen Medien. Kleine Story am Rande: Im gleichen Jahr überbrachten auch die CEOs von Vodafone und Thyssenkrupp die Weihnachts-Videobotschaft an die Belegschaft – plätzchenbackend. Die Idee schien in der Luft zu liegen, denn alle kamen unabhängig voneinander darauf.

You are your serials: Thought Leadership aufbauen

Netflix. Sky. HBO. Wer schon einmal eine Nacht lang Folge um Folge von *Games of Throne* oder *Silicon Valley* gesehen hat, weiß: Hochwertige Serien üben einen Sog aus. Wir wollen Figuren auf ihrem langen Weg begleiten. Wir wollen immer mehr über sie erfahren. Wir identifizieren uns mit ihnen und folgen ihnen, bis der Abspann der letzten Episode läuft.

Serien sind Kult. Nicht nur bei den Streamingdiensten, auch in der CEO-Kommunikation erweisen sie sich als Renner. Vor allem die am besten vernetzten Topmanager gehen deshalb dazu über, Videoshows und Podcasts in Serie zu kreieren. Anstelle eines einzelnen Posts können User im Binge-Watching-Stil Folge um Folge abrufen. Die Hauptdarsteller heißen dann eben nicht Lady Mary oder Don Draper, sondern Melinda Gates oder Dan Schulman. Das Serienformat basiert auf einer Grundüberlegung: Haben Menschen eine Persönlichkeit erst einmal als interessant, kompetent oder als Rollenvorbild empfunden, wollen sie sie näher kennenlernen. Wer einmal liefert, dem traut das Publikum zu, dass sich das Reinschauen oder Reinhören auch beim nächsten Besuch lohnt. Hier sind drei Beispiele für CEO-Serien mit Suchtfaktor:

Allen Gannett, Chief Strategy Officer der Content-Marketing-Plattform Skyword, erzielt gerade unglaubliche Erfolge mit seinen LinkedIn-Videos #Allen-Asks. Das Format ist so einfach wie genial: Gannett stellt Business Leadern eine einzige Frage, beispielsweise »Wie mache ich die Karriere, die mich selbst richtig begeistert?« oder »Was macht ein Meeting zum Killer-Meeting?«. Die Antworten dauern selten länger als eine Minute und treffen immer ins Schwarze. Gannett fasst die Erkenntnis zusammen, fragt, ob er alles richtig verstanden hat, und endet mit den immer gleichen Worten: »I love it! Bye guys.« Hilfreich. Wiedererkennbar. Macht gute Laune. 2018 wurde Allen Gannett zur Nummer 1 unter den #LinkedInTopVoices im Bereich Marketing & Social Media gekürt.

Sally Krawcheck war CFO der Citygroup, CEO von Smith Barney und stand zwei Jahre lang auf der Liste der zehn mächtigsten Frauen der Welt. 2016 gründete sie das Start-up Ellevest, eine rasant wachsende Vermögensverwaltung, die sich ausschließlich an Frauen richtet. Ihre Videoserie »Money in 60 Seconds« nimmt sie auf, wo immer sie sich gerade befindet. Kurz und prägnant, mit dem Smartphone in der Hand, beantwortet die Ellevest-CEO im Richtig-falsch-Stil Finanzfragen, die ihre Follower ihr gesendet haben. Perfekt: Krawchecks Antworten werden als Untertitel in den Videos eingeblendet. Schneller kann man das eigene Finanzwissen nicht auf den neuesten Stand bringen!

John Furner, CEO der US-amerikanischen Großhandelskette Sam's Club und begeisterter Rennradfahrer, findet, dass Menschen beim Radfahren leichter aus sich herausgehen als sonst. In seiner Videoshow »Business on Bikes« tauscht er sich in jeder Folge mit einem anderen Unternehmer, CEO oder Branchenführer aus. Staffel 1 ist mit 13 Folgen bereits abgedreht, derzeit läuft Staffel 2. Allein auf Facebook hat »Business on Bikes« über 13.000 Abonnenten.

Gannett, Krawcheck und Furner zeigen: Es gibt so viele Möglichkeiten, eine erfolgreiche Video- oder Podcastserie aufzuziehen, wie es Persönlichkeiten gibt. Sie können sich als fragenstellender Gastgeber, Expertin oder Sportler inszenieren. Sie können Ihre Zielgruppe mit zum Radfahren nehmen, an den Strand, zum Kamingespräch oder einfach an einem Gespräch in Ihrem Büro teilhaben lassen. Ihre Serien können mit dem Handy aufgenommen sein oder mit ultraprofessionellem Equipment. Die Episoden können 60 Sekunden dauern oder 60 Minuten. Sie können an unterschiedlichen Orten spielen oder vor der immer gleichen Kulisse. Unter einer Bedingung: Noch mehr als einzelne Posts müssen Ihre Serien zu Ihrem CEO-Branding passen und auf Ihre Werte einzahlen. Ist diese Voraussetzung erfüllt, bringen Content-Serien Ihnen eine Reihe von Vorteilen ein:

Sie positionieren sich als Autorität und Thought Leader. CEO-Serien konzentrieren sich in der Regel auf Themen, für die ein CEO oder eine Topmanagerin herausragend qualifiziert ist, oft weit über das eigene Unternehmen hinaus. Die Tatsache, dass jemand zu einem Themengebiet wie Cyber Security oder Internet of Things klar seine Meinung und Position äußert, manifestiert seine Expertenstellung. Unterschwellige Botschaft in jedem Post: Er oder sie hat mehr und Relevanteres als andere dazu zu sagen und beschäftigt sich fortlaufend mit dem Thema.

Sie bringen Ihre Persönlichkeit ein. Ein einzelner Post sagt wenig über einen Menschen aus. Wer hingegen über viele Folgen einer Serie hinweg die Qualität hält und mit unverwechselbarer Stimme konsistent Erfahrungen, Einsichten und Ergebnisse kommuniziert, wird unweigerlich auch als Mensch erlebbar.

Ihr Publikum hat das Gefühl, Sie laufend besser kennenzulernen. Wenn Menschen einander in unterschiedlichen Situationen oder im Gespräch mit unterschiedlichen Menschen erleben, wächst das Gefühl von Vertrautheit. Allein aus der Zahl der Begegnungen entsteht Verbundenheit. Der Effekt tritt umso deutlicher zutage, wenn ein CEO seine inhaltlichen Botschaften mit einer privaten Lieblingsaktivität, einem wiedererkennbaren Format oder humorvollen Einlagen verknüpft.

Ihr Publikum ist auf Sie abonniert. Serien-Content konditioniert Follower und Abonnenten. Sie erwarten regelmäßig Nachschub und sind irritiert, wenn die Serie unterbrochen wird. Video- und Podcast-Serien eignen sich somit besonders gut, Mitarbeiter, Partner, potenzielle Bewerber und Kunden zu binden und zu inspirieren.

Und schließlich: Sie nutzen Ihre Zeit effektiv. Serien-Content, sofern er nicht auf aktuelle Ereignisse reagiert, kann gut in einem Durchgang und auf

Vorrat produziert werden. So verfügen Sie über reichlich authentisches Material, das sich auf verschiedenen Netzwerken teilen, für die jeweiligen Kanäle variieren und in Hinblick auf Bilder und Hashtags optimieren lässt.

You are your community: Sich gegenseitig groß machen

Seit jeher sind die besten Leader der Welt über die Branchen und Länder hinweg gesellschaftlich verbunden. Man trifft sich bei Konferenzen und Meetings, beim Oktoberfest, Skifahren und privaten Feiern oder bei sozialen Projekten, an denen man gemeinsam mitwirkt. Darüber hinaus bieten die sozialen Medien ungeahnte Möglichkeiten für weitere Vernetzungen. Wie nie zuvor haben Business Leader und Meinungsführer Plattformen, um ihr Ansehen und ihre Sichtbarkeit gegenseitig zu steigern und ihre Leistungen und Ziele in der breiten Öffentlichkeit bekannt zu machen.

Der folgende Tweet von Apple-CEO Tim Cook ist ein typisches Beispiel. Bei den Geschäftsführern des französischen Modekonzerns Hermès, den Cousins Pierre-Alexis and Axel Dumas, bedankt er sich für den Empfang in ihrem Haus – nicht ohne den Qualitätsanspruch der Modemarke mit den Werten des eigenen Unternehmens zu verknüpfen: »Hermès ist ein zeitloses Beispiel für herausragende Handwerkskunst und ein unermüdliches Bekenntnis zu Spitzenleistungen – Werte, die wir zutiefst teilen. Vielen Dank, Axel und Pierre-Alexis, es war ein Privileg, Ihr Team heute bei der Arbeit zu sehen.« Dem Publikum gefällt es: Der Tweet des Apple-CEOs wurde innerhalb von einer Woche fast 4.000 Mal gelikt – zum Vorteil aller drei Unternehmenschefs, beider Unternehmen und natürlich des gemeinsamen Spitzenprodukts: der Apple Watch Hermès.

To be the best, be with the best

Topmanager, die nicht in den sozialen Medien auffindbar sind, versäumen diese Chance. Niemand auf der gleichen Ebene wird positiv über sie posten und das eigene Publikum auf sie aufmerksam machen. Wie auch – wenn der CEO- oder CFO-Kollege nicht einmal einen LinkedIn- oder Twitter-Account besitzt! Besser machen es Oliver Bäte und Satya Nadella: Der Allianz-CEO kommentiert die Allianz-Microsoft-Partnerschaft mit dem schönen Motto »To be the best, be with the best«. Wenige Stunden später antwortet Nadella: »Oliver Bäte, wir freuen uns darauf, im Rahmen unserer neuen Partnerschaft gemeinsam mit Ihnen großartige Dinge zu tun!« Der Post erreichte innerhalb kurzer Zeit 9.000 Likes und über 100 Kommentare. Allein die Antwort von Satya Nadella erhielt über 600 Likes.

Aber: Auch gemeinsame Anstrengungen des Managementboards, sich und das Unternehmen durch gegenseitige Wertschätzung groß zu machen, laufen ins Leere, wenn nur wenige im Vorstand eine eigene Brand und einen persönlichen Social-Media-Account haben. Bei SAP und Siemens mit ihren sehr profilierten Social CEOs ist das anders. In beiden Technologiekonzernen postet neben den CEOs ein Großteil des Boards persönlich und sehr aktiv. Dabei gehört es zur Unternehmenskultur, nicht nur die eigene Positionierung voranzutreiben. Auch die Anliegen und Anstrengungen der Vorstandskollegen und -kolleginnen werden wahrgenommen und wertgeschätzt. In einem LinkedIn-Beitrag von Tim Holt, COO bei Siemens Gas and Power, klingt das zum Beispiel so: »Unsere CEO Lisa Davis hat sich heute eine Auszeit vom World Energy Congress in Abu Dhabi genommen, um auf CNBC zu beschreiben, wie Technologie dazu beitragen kann, Energie umweltfreundlicher zu machen, Übertragungsnetze zu verbessern und die Stromerzeugung mit Wasserstoff zu ermöglichen.« Einfach, aber effektiv.

It's your human connections: Tiefe, tragfähige Bindungen aufbauen

Immer wieder sagen mir Vorstände und Vorstandsvorsitzende, Beziehungen in den sozialen Medien blieben oberflächlich. Sie reichten in keiner Weise an die gewachsenen Verbindungen mit Weggefährten heran. Diese Einschätzung verkennt die Bedeutung, die soziale Medien im Leben derer haben, die längst dort zu Hause sind. Mein eigenes Engagement auf diversen Plattformen und Social-Media-Kanälen unserer Kunden führt mir täglich vor Augen: Soziale Medien helfen uns, über alle regionalen, demografischen und hierarchischen Grenzen hinweg mit interessanten Menschen in Kontakt zu treten. Mehr noch: Sie eröffnen uns die Möglichkeit, mit Menschen in Kontakt zu sein, deren Ziele, Ansprüche und Werte uns beeindrucken. Oberflächlich ist das nicht. So erzählen mir viele Kunden, wie vielseitig sich die Ergebnisse ihrer Social-Media-Aktivitäten niederschlagen: Neue Talente können gewonnen werden, neue Ideen für Partnerschaften kommen auf einmal auf, es entstehen ein ganz neuer Spirit für Zusammenarbeit und Begeisterung für neue Ziele.

Tiefe Verbindungen entstehen, wenn man erkennt und immer wieder neu erlebt, dass man einander ähnlich ist. Dabei spielt es keine Rolle, ob man das Gefühl von Gleichklang bei Facebook oder face to face erlebt. »Im Lauf der Zeit macht man die Erfahrung«, sagt LinkedIn-CEO Jeff Weiner, »dass man die gleichen Werte teilt, das gleiche Gefühl für Sinnhaftigkeit, die gleiche Art von Humor – Dinge also, die meiner Meinung nach dazu beitragen, stärkere Bindungen aufzubauen.«

Es stimmt: Für jemanden, der heute zwischen 45 und 65 Jahre alt ist, also für die Generation X und die Babyboomer, setzten enge Bindungen regelmäßige Begegnungen im wirklichen Leben voraus: beim Businessfrühstück, in der Cafeteria, auf einer Konferenz oder bei einem Empfang. Soziale Netzwerke werden noch immer sehr häufig lediglich als Ergänzung dazu empfunden und genutzt. Die jungen Generationen ticken anders: Millennials, also die 18- bis 25-Jährigen, sind ebenso wie die Generation Y durch und durch digital. Soziale Medien sind in ihrem Leben so verankert wie das Smartphone und das Fahrrad. Sie kommunizieren mit einer Mischung aus allen verfügbaren Formen, ohne zwischen physischen und digitalen Begegnungen zu unterscheiden.

Eine Datenerhebung der britischen Royal Society for Public Health (RSPH) zeigt uns: Digital Natives bauen über soziale Netzwerke intensivere Beziehungen auf, als Ältere für möglich halten. »Social Media wurden zu einem Raum, in dem wir Beziehungen bilden, unsere Identität formen und uns selbst verwirklichen«, sagt Studienleiterin und RSPH-CEO Shirley Cramer. »Er ist wesentlich mit unserer Psyche verbunden. Und das können wir nicht länger ignorieren.«

Diese Entwicklung kommt einem Paradigmenwechsel gleich. Sie verändert die Reichweite von Kommunikation von Grund auf. C-Suite-Manager sprechen auf Social Media nicht nur eine Gefolgschaft an, die in die Tausende und Millionen gehen kann. Sie haben darüber hinaus auch die Gelegenheit, tragfähige, lang anhaltende und tiefe Bindungen zu ihren Followern aufzubauen. Sie können ihre Zielgruppen inspirieren und empowern, ohne sie jemals in der sogenannten realen Welt zu treffen.

Wie sehr Sie als CEO oder Vorständin Ihren Einfluss geltend machen, hängt von einem einzigen Faktor ab: der Content-Qualität, die Ihre Persönlichkeit zum Ausdruck bringt. Jeder einzelne Post auf Twitter, jeder LinkedIn-Beitrag, jede Folge einer Podcast-Serie – zu finden auf Spotify, iTunes & Co. –, aber auch jede Rede oder jeder Artikel in einem Wirtschaftsmagazin tragen als Baustein zum Aufbau Ihrer Personal Brand bei. Manche Posts gehen viral und erhöhen Ihre Sichtbarkeit. Andere finden weniger Resonanz. Aber – und das ist der entscheidende Punkt – alle zusammen lassen Sie als Persönlichkeit immer deutlicher hervortreten.

Nutzen Sie die sozialen Medien als persönlichen Erfahrungs- und Erlebnisraum. Jeder Tag bietet Ihnen neue Möglichkeit zu lernen, zu wachsen und anderen auf ihrem Weg zu helfen – durch Austausch, Kontakt, Humor, Mitgefühl und echtes Interesse an Menschen. Jeder Post ist ein kleines Steinchen Ihres großen Branding-Mosaiks!

7

GROW YOUR CROWD

Wie Sie mit Reichweite Relevanz erzielen – und umgekehrt

»If your actions inspire others to dream more, learn more, do more and become more, you are a leader.«
JOHN QUINCY ADAMS

Erst waren es knapp 2.000, dann 20.000 und nach neun Monaten schon fast 80.000 LinkedIn-Follower. 2017 hat Dieter Zetsche gezeigt, wie es geht. Mit seiner Entscheidung für mehr Präsenz auf digitalen Plattformen hat sich der damalige Daimler-Chef in kürzester Zeit als feste Social-CEO-Größe im Netz etabliert. Schneller und anders, als er selbst es sich hätte träumen lassen: »Die größte Chance bei LinkedIn sehe ich im direkten Dialog mit einem breit gemischten Publikum – vom Azubi bei Daimler bis zum CEO eines internationalen Konzerns. Das hatte ich vorher so nicht erwartet.«

Dieter Zetsche hat vieles richtig gemacht: Von Anfang an hat er auf Deutsch und Englisch gepostet und damit Expertise und globales Denken demonstriert und der Zielgruppe keine sprachlichen Grenzen gesetzt. Außerdem war sein digitaler Auftritt stets von hervorragender Qualität, was gerade in Krisenzeiten seine Souveränität untermauerte. Zudem ließ er es auch nicht am passenden Quäntchen Humor und Ironie fehlen, was das Bild eines nahbaren und sympathischen CEOs perfekt abrundete.

Als Reaktion auf den LinkedIn-Algorithmus, der dem Daimler-Chef mögliche Stellen vorschlug, antwortete Zetsche: »Liebes LinkedIn-Team, Danke, ich habe meine ersten Monate hier sehr genossen! Und es ist faszinierend zu sehen, welche Karriereoptionen ihr mir vorschlagt...« Er fügte diesem Post noch einen Screenshot hinzu, auf dem er aufgefordert wurde, Jobs bei BMW zu entdecken.

Daumen hoch... heute vorbei?

Auf der TED2019-Konferenz machte Twitter-CEO Jack Dorsey eine überraschende Bemerkung: »Wenn ich Twitter noch einmal gründen müsste, würde die Zahl der Follower eine untergeordnete Rolle spielen, ebenso wie das ›Like‹ an sich. Ich wüsste nicht einmal, ob es diese Option überhaupt noch gäbe.« Die Kritik ist nicht neu. Auch Instagram stellt ähnliche Überlegungen an.

Jack Dorsey macht mit seiner Kritik am eigenen Produkt auf eine problematische Entwicklung aufmerksam. Social-Media-Kanäle entfernen sich immer mehr von ihrer ursprünglichen Idee: Am Anfang waren Social Media die Vision einer gemeinsamen Lernwelt: die faszinierende Idee, dass Menschen sich virtuell mit anderen Menschen verbinden, in Kontakt und Beziehung treten, sich unterhalten, Wissen weitergeben und von- und miteinander lernen, um sich zu entwickeln. Schaut man sich heute auf den Plattformen um und beobachtet man die mal mehr, mal weniger bemühten Blogpost-Salven der echten und der selbst ernannten Influencer, dann drängt sich durchaus der Eindruck auf, dass es vielen im Netz vor allem um die Masse an Followern und Likes geht. Quantität verdrängt oft Qualität.

> *»Was viele Likes und Follower generiert, ist das, was überrascht,*
> *provoziert, sensationell und spannend ist.«*
> Ryan Holmes

Diesen Zustand mag Jack Dorsey im Blick haben, wenn er die Relevanz der Followerzahlen in Zweifel zieht. Auch Ryan Holmes, CEO und Gründer der Social-Media-Verwaltungsplattform Hootsuite, klingt wie ein Vertriebener aus dem Paradies, wenn er feststellt: »Was viele Likes und Follower generiert, ist das, was überrascht, provoziert, sensationell und spannend ist. Diese Metriken helfen den sozialen Netzwerken natürlich zu entscheiden, welche Inhalte besonders gut angekommen und andere User interessieren könnten. Die Konsequenz: Der jeweilige Algorithmus spült genau diesen und ähnlichen Content in die Timelines und Feeds der Accounts. Es gibt keinen ausgewogenen Themenpool mehr, Social Media verliert für viele Nutzer an Glaubwürdigkeit.«

Social Media wären keine Social Media, wenn die Netzwerke nicht in der Lage wären, gegen diese Form der Entartung ein Gegenmittel zu entwickeln. Plattformanbieter denken bereits um und suchen nach Wegen, die digitale Kommunikation wieder aufzuwerten. Sie arbeiten an Konzepten, die Anzahl der Follower auszublenden oder Nachrichten und Themen in den Vordergrund zu stellen: Wer weiß, vielleicht werden wir schon bald nicht mehr Usern, sondern Inhalten folgen. Das könnte ein Weg sein, der auch den unsäglichen Auswüchsen der Onlinehetze, des Cybermobbings und der Hasskommentare das Wasser abgraben könnte. Selbstlernende Algorithmen können dafür eingesetzt werden, Beleidigungen zu erkennen und zu filtern.

Ich glaube daran, dass die Ursprungsidee der sozialen Medien nicht verloren geht. Das zeigt mir jede WhatsApp-Nachricht, die ich am Tag erhalte. Die zunehmende Nutzung von Messaging-Diensten wie WhatsApp, Threema, Yammer & Co. zeigt deutlich: Den meisten Menschen geht es, wenn sie die sozialen Medien nutzen, um persönlichen Kontakt, um Interessengemeinschaften und um den wertschätzenden, aufrichtigen Dialog, der sie wirklich weiterbringt.

Also ist die Reichweite doch nicht entscheidend? Natürlich ist sie es. Wer sichtbar ist, hat Erfolg. Die große Anzahl an Followern hat Einfluss auf die Algorithmen. Die Interaktionen wie Likes, Follower, Shares, Kommentare, Retweets, Click-Throughs entscheiden, ob ein Beitrag zum Beispiel im Newsfeed eines Nutzers auftaucht.

Mark Zuckerberg arbeitet hart daran, den Newsfeed der Facebook-Seite zur »beste(n) personalisierte(n) Zeitung der Welt« zu entwickeln. Heute wertet Facebook Inhalte von Freunden und Familie höher als Nachrichten der klassischen Medien. Einzelpersonen werden so im Vergleich zu Verlagen oder Kommunikationsabteilungen der Unternehmen priorisiert und können ihre Reichweite leichter ausbauen. Facebook will nach wie vor, dass wir möglichst viele Follower um uns scharen. Aber – und das macht den Unterschied – bitte schön mit Kontakt und echtem Dialog. Das Zeitalter der Massenmedien scheint vorbei zu sein. Willkommen im Zeitalter der Kontakte!

Viel hilft viel: Fans erzeugen Fans

Wer viele Anhänger hat, gewinnt für andere an Glaubwürdigkeit und kann sie schneller überzeugen. Was im realen Leben funktioniert, gilt auch für die Onlinekommunikation. Der Nachahmungseffekt erzielt immer Wirkung. Wir schließen uns schneller jemandem an, wenn wir das Gefühl haben, dass andere Menschen dies auch als richtig empfinden.

Ein weiterer Vorteil einer großen Followerzahl wird oft übersehen. Oder man spricht nicht darüber: Die Zahl unserer Fans wirkt natürlich auch auf uns selbst. Sie bedienen unser Grundbedürfnis nach Anerkennung. Je mehr Follower wir haben, desto beliebter und wertgeschätzter fühlen wir uns. Das ist völlig in Ordnung. Anerkennung können wir gar nicht genug bekommen. Jede Art von Anerkennung lässt unser Gehirn Dopamin ausschütten – die Extrabelohnung aus dem zentralen Nervensystem, gut für unser Wohlbefinden, für Lebensfreude, Mut, Konzentration und Vergnügen: all das, was wir als Führungskraft, Vater, Mutter, Partner etc. brauchen, um unsere Jobs zu erledigen und unsere Ziele zu erreichen.

Wenn wir uns unseren Wunsch nach Anerkennung eingestehen, fällt es uns leichter zu verstehen, warum sich in den sozialen Medien so viele Jäger und Sammler tummeln, die jeden Tag mit ihren Bildern, Sprüchen und Posts um Gefolgschaft buhlen. Ganz zu schweigen von den geschickten Werbern, die längst ihre Chance zur permanenten Vermarktung im Netz erkannt haben. Aber Vorsicht: Dopamin kann auch süchtig machen. Es weckt den Wunsch nach steter Wiederholung.

Influencer bewegen Follower zum Handeln

Das Netz gehört allen. Und doch gibt es die Meinungsführer, die vordenken, inspirieren und zum Handeln bewegen. Vor allem beeinflussen sie andere und animieren sie zum Handeln. Diesen Einfluss beschreibt der in der Social Media Economy beliebte Begriff »Influencer« sehr schön. Eine Studie der Content-Plattform Olapic hat 4.000 Menschen im Alter von 16 bis 61 Jahren in den USA, Großbritannien, Frankreich und Deutschland zu ihrem Verhalten und ihren Vorlieben beim Surfen im Netz befragt. Die Studie zeigt, wie sehr Influencer ihre Follower zum Handeln bewegen:

»44 Prozent aller Befragten gaben an, dass sie den Kauf eines Produkts oder einer Dienstleistung auf der Grundlage des Posts eines Influencers in Erwägung gezogen haben. 31 Prozent gaben an, dass sie bereits ein Produkt oder eine Dienstleistung auf der Grundlage des Posts eines Influencers gekauft haben, und

24 Prozent gaben an, ein Produkt oder eine Dienstleistung auf der Basis des Posts eines Influencers weiterempfohlen zu haben.«

Denken Sie immer daran: Sie wollen Follower inspirieren, nicht einfach nur sammeln. Dazu müssen Sie ihnen etwas bieten. Nutzen Sie Ihre Erfahrung: in der Branche, in der Welt, im Leben. Teilen Sie einen neuen Blick auf bekannte Phänomene mit, verraten Sie Details, die hinter dem Offensichtlichen stehen, wagen Sie Prognosen für die Zukunft, helfen Sie, Trends, Widersprüche und die Zukunft besser zu verstehen. Machen Sie Mut, drängende Fragen endlichanzugehen, und mahnen Sie, bei allem, was Sie tun, Werte und Ziele nicht aus den Augen zu verlieren. Sehen Sie Ihre Follower nie als reine Zahlen, sondern als Menschen. Nicht als Publikum, sondern als Partner. Nehmen Sie Social Media ernst.

Fake-Profile: Reichweite lässt sich nur scheinbar erkaufen

Vordenker, Meinungsbildner und Influencer mit einer Heerschar von 100.000 Followern – das alles wird man nicht über Nacht. Reputationsaufbau im Netz ist harte Arbeit.

Der eine oder andere ist deshalb schon der Versuchung erlegen, sich Fake-Profile zu kaufen, um die eigene Reichweite besser aussehen zu lassen, als sie eigentlich ist. Wer möchte sich auch schon als Neuling mit einer minimalen Anzahl von Followern der digitalen Welt präsentieren? Das Angebot ist verlockend. Und einfach: Auf Internetseiten wie zum Beispiel followerdirekt.de lassen sich Follower für einen Instagram- oder Facebook-Account so schnell und einfach kaufen wie ein Buch bei Amazon oder Sneaker bei Zalando. Ebenso wie für jeden anderen Kanal. Diese Versuche mögen Ausdruck einer Verzweiflung sein, sind aber wenig erfolgreich. Gekaufte Zahlen üben auf lange Sicht keinerlei positiven Einfluss auf die Positionierung eines Profils im Web aus. Fake-Zahlen haben nämlich schlicht und einfach keine Relevanz für die eigene Zielgruppe, die man eigentlich erreichen möchte. Außerdem: Gekaufte Follower sind alles andere als treu. So schnell, wie sie gekommen sind, verschwinden sie auch wieder. Und wenn ein Topmanager-Profil erst 20.000 Follower und dann mit einem

Schlag nur noch knapp 2.000 Follower zählt, ist das schlicht und einfach peinlich! Außerdem: Die Algorithmen der Suchmaschinen und Portale reagieren immer sensibler auf verdächtige, sterile und leblose Profile sowie ungewöhnlichen Zuwachs an Likes und Followern. Sie reagieren dann auch mal mit einer zeitweisen Profilsperrung, und das viel schneller als noch vor wenigen Monaten. Allein Facebook hat 2019 innerhalb von drei Monaten 2,19 Milliarden gefälschte Konten entfernt, die zumeist nur aufgebaut worden sind, um bezahlte Fake-Likes zu generieren oder die Followerzahlen steigen zu lassen.

In diesen Strudel aus Reichweitensucht, Geltungsdrang und Unaufrichtigkeit möchten Sie gar nicht erst geraten. Für Sie als Business Leader ist das Vertrauen in Sie Ihr höchstes Gut. Also tun Sie sich den Gefallen und lassen Sie Gedanken an den Kauf von Fake-Likes und -Followern gar nicht erst aufkommen!

Die einfachste Möglichkeit, Follower zu gewinnen, liegt in der Bereitschaft, anderen zu folgen. Psychologen sprechen von Reziprozität. Wir können dieses Phänomen auch als Folge des Gegenseitigkeitsprinzips erklären. Ganz im Sinne der britischen Band Genesis, die schon 1978 Phil Collins singen ließ: »I will follow you, will you follow me.« Wenn Sie etwas geben, fühlt sich der andere verpflichtet, etwas zurückzugeben. Folgen ist auch ein Zeichen der Dankbarkeit.

Folgen Sie ebenso Thought Leadern und Influencern, um up to date zu sein, Trends zu erkennen und Einblicke zu gewinnen in das, was andere tun. Folgen Sie Brancheninsidern, Wissenschaftlern, Experten und Konkurrenten. Beginnen Sie mit Kontakten zu den Menschen, die Sie bereits persönlich kennen oder mit denen Sie ohnehin in einem Netzwerk verbunden sind. Verknüpfen Sie außerdem Ihre Teilnahme an Veranstaltungen und Ereignissen der »wirklichen Welt« mit Social Networking. Kündigen Sie Ihre Teilnahme an Konferenzen, Messen, Pressekonferenzen, Seminaren und Workshops an und folgen Sie Teilnehmern, die mit Ihnen an einer Veranstaltung teilgenommen haben. Webinare, Konferenzen, Promoevents: All das können Sie online aufbereiten und für das soziale Networking nutzen.

Menschen suchen Inspiration

2011 hat die *New York Times* 2.500 Menschen, die im Internet bestimmte Inhalte teilten und weiterleiteten, dazu befragt, was sie dazu motiviert hat, genau das zu tun. Diese Studie wird bis heute immer wieder gern zitiert, weil sie uns immer noch zeigt, wie wichtig es ist, beim Posten und Veröffentlichen auf die Qualität unserer Inhalte und den Bezug zur Zielgruppe zu achten.

Manche Dinge ändern sich wohl nie: Laut der Studie gibt es vor allem fünf Motive, die Menschen dazu bewegen, auf den »Share«-Button zu klicken:

- Sie wollen mit wertvollen und unterhaltsamen Inhalten anderen eine Freude machen.
- Sie versuchen, sich selbst und das Bild, das sich andere von ihnen machen, zu definieren.
- Sie wollen Beziehungen aufbauen und festigen.
- Sie suchen Selbstverwirklichung.
- Sie wollen über Anliegen oder Marken berichten.

Decken sich diese Motivationsquellen mit Ihren Beweggründen, in Zukunft aktiver in den sozialen Medien unterwegs zu sein? Sie dürfen gerne verschiedene Gründe kombinieren. Sie widersprechen sich nicht. Im Gegenteil, sie verbinden sich und helfen, mehr Aussagekraft und Wirkung zu erzielen.

Aber auch wenn diese Motivationsquellen sehr viel mit Ihnen selbst – Ihrem tiefen und veränderbaren Selbst – zu tun haben, dürfen Sie nie aus den Augen verlieren, für wen Sie posten, liken und sharen. Fragen Sie sich stets:

- Was möchte meine Zielgruppe?
- Wofür interessieren sich die Menschen, die mir folgen?
- Was kann ich ihnen bieten?
- Was hat meine Zielgruppe davon, mir zu folgen?

Denn Menschen verbinden sich mit den Personen und Marken, die auf sie selbst einzahlen. Deshalb müssen Sie für Ihren Markenaufbau immer auch die Sicht des Followers einnehmen: Welchen Effekt hat es für Ihren Follower, wenn er Ihnen folgt? Was ist der Benefit?

Die große Olapic-Studie (s. o.) zeigt uns, dass Menschen vor allem Authentizität (43 Prozent) suchen, um einer Person oder einem Influencer zu vertrauen. 66 Prozent sagen, dass die Influencer zu den persönlichen Interessen passen müssen. Eine Social-Media-Positionierung ist also in höchstem Maße von der persönlichen und glaubwürdigen Darstellung sowie der direkten Verbindung zu der Zielgruppe abhängig. Dies gilt besonders im B2B-Bereich. Hier spielen die richtigen fachlichen Inhalte und eine gute Reputation des Influencers die größte Rolle.

Das bedeutet für Ihre Positionierung als Social CEO: Verbinden Sie sich nicht mit unendlich vielen Followern, sondern mit den richtigen.

In die Zukunft investieren: Die Generation Z erreichen
Ihr Engagement als Social CEO steigert Ihre Bekanntheit in der wichtigen Zielgruppe der 20- bis 40-jährigen Menschen: jener Zielgruppe, die für Ihre Entscheidungen immens wichtig ist. Das sind die Stakeholder, die die Zukunft Ihres Unternehmens mitentscheiden.

> *»Es ist: begeisternd. Ich mag die Modernität von Instagram:*
> *Visuelle Kommunikation auf Augenhöhe. Direkt und ungefiltert.*
> *Authentisch, wenn man es sich vorgenommen hat.«*
> Oliver Bäte

Die Angehörigen der Generation Z – der Nachfolgegeneration der Generation Y – erblickten zwischen 1997 und 2012 das Licht der Welt. Die ersten Vertreter betreten nun den Arbeitsmarkt und werden, da sie anders als zum Beispiel die Generation der Babyboomer nicht durch Wehrdienst und lange Schul- und Studienzeiten aufgehalten werden, schon bald an entscheidenden Positionen in den Unternehmen sitzen. In manchen Start-ups tun sie es schon heute.

Eine Studie des Center for Generational Kinetics in Austin (Texas) zeigt uns, wie wichtig es für diese »Digital Natives« ist, online zu sein: 55 Prozent der befragten Angehörigen der Gen-Z halten es nicht länger als vier Stunden ohne Internet aus. Vergleichen Sie das einmal mit der Online-Abstinenzfähigkeit der Generation der Babyboomer: In dieser Generation halten es der Studie zufolge 22 Prozent locker eine Woche oder länger ohne Internetzugang aus, ohne nervös zu werden.

Reines Stundenzählen im Web hilft uns nicht weiter, wenn wir die Generation Z wirklich verstehen und auf ihre Bedürfnisse eingehen wollen. Wichtiger erscheint mir der Hinweis der Studienautoren, dass die Mitglieder der Generation Z das Internet als »Verlängerung ihres Lebens« ansehen. Das Internet ist ihr Ort, wo sie einkaufen, arbeiten, sich bewerben, sich verlieben, sich streiten und ihre Zeit verbringen. Für sie ist die Unterscheidung zwischen »online« und »offline«, auf die ihre Eltern und Lehrer so großen Wert gelegt haben, schlicht und einfach hinfällig. Und wenn man diese jungen Mitarbeiter und Kunden von morgen erreichen möchte, dann muss man sie dort aufsuchen und ansprechen, wo sie sich aufhalten. Zum Beispiel über die »kommunikative Wundertüte«, wie Oliver Bäte die Plattform Instagram nennt. Noch, das räumt er bereitwillig ein, befindet sich der Allianz-Chef »in der Phase des Ausprobierens«: »Ich taste mich erst langsam voran, habe längst noch nicht alle Möglichkeiten ausgeschöpft, auch aus Zeitmangel.« Was ihm aber jetzt schon gefällt: »das jugendliche Engagement der Teilnehmer. Es ist: begeisternd.« Ihn begeistert die Modernität auf Instagram: »Visuelle Kommunikation auf Augenhöhe. Direkt und ungefiltert. Authentisch, wenn man es sich vorgenommen hat (doch natürlich halten es viele anders). Ein tolles Medium, um mit jungen Kunden und Mitarbeitern weltweit Kontakt zu halten – oder mit solchen, die erst zu uns finden müssen.«

Oliver Bäte möchte in den sozialen Medien »kommunikativ die Herzen und den Verstand der Leute erobern«. Und er lernt jeden Tag ein bisschen mehr, wie es geht. Die goldene Regel für Social-Media-Erfolg hat er schon verinnerlicht: »Wie ginge es einfacher als über Bilder? Sie bieten unmittelbar einen Ausschnitt aus der Wirklichkeit – mit allem, was dazugehört: Information, Stimmungen, Emotionen.« So verwertet Bäte seinen Content für verschiedene Kanäle – LinkedIn, Twitter, Instagram – und wertet ihn damit auf. Eine sehr erfolgreiche Content-Aktion: ein kleines Handyvideo auf Instagram. Es zeigt ihn auf dem Weg zur Generalprobe der Allianz-Hauptversammlung in der Münchner Olympiahalle. Ergebnis: mehr als 3.200 Aufrufe und viele positive Kommentare wie »Für mich als wirtschaftsinteressierten Menschen ist es klasse, einen Einblick in den Alltag von Topmanagern zu bekommen. Ich hoffe, Ihrem Beispiel folgen noch mehr Manager.« oder: »Anschnallen, Herr Bäte. Toller Instagram-Blog!!«.

Wer im Netz mit relevanten Inhalten punkten will, muss vor allem eins sein: schnell. Das heißt, nicht nur auf aktuelle Themen und Schlagzeilen zeitnah zu reagieren, sondern auch auf Kommentare zum eigenen Post oder Tweet. Kommentare sind mehr als Beifang. Sie können Diskussionen anstoßen, vorantreiben und Menschen ermutigen, weiterzudenken. Wenn Sie etwas posten, sollten Sie deshalb proaktiv immer auch Zeit für die Bearbeitung aller Reaktionen auf Ihre Gedanken einplanen.

Thought Leadership entsteht nicht durch einmalige Geistesblitze, sondern durch das stetige Entfachen von Diskussionen und einem fachlich versierten ebenso wie engagierten und offenen Austausch. Geben Sie als Vordenker und Meinungsbildner Ihrer Community eine Richtung. Ihr persönliches Engagement und schnelles Handeln sind wichtig für den Aufbau Ihrer Community und die Bildung Ihrer Marke. Zum Glück kann Ihnen dabei eine wichtige Ressource zur Seite stehen: Ihre Mitarbeiter.

Die Macht der Markenbotschafter

Als Business Leader verfügen Sie über entscheidende Vorteile für Ihre Positionierung im Social Web: Ihre Persönlichkeit und Ihre Expertise – und vor allem die Mitarbeiter Ihres Unternehmens. Diese sind allesamt nicht nur potenzielle Fans und Follower, sondern auch zukünftige Markenbotschafter.

Die Entscheidung, sich als Social CEO zu positionieren, hat einen umfassenden Effekt auf das gesamte Unternehmen. Es gewinnt nach außen an Attraktivität. Gleichzeitig motivieren Social CEOs durch ihre Präsenz im Netz ihre Mitarbeiter, selbst soziale Medien im Businesskontext zu nutzen. Allein das erhöht Ihre Reichweite und Wirksamkeit um ein Vielfaches.

Ein Beispiel für gute Employee-Kommunikation ist der Touristikkonzern TUI. Hier erarbeitet ein Redaktionsteam von 22 Kollegen aus den Kommunikations- und HR-Abteilungen täglich neue Geschichten allein für die LinkedIn-Seite – in zehn Sprachen. Dabei sind es aber vor allem die Mitarbeiter selbst, die über LinkedIn ihr Unternehmen repräsentieren und damit eine ungeheure Reichweite erzielen: »LinkedIn ist unser größter und erfolgreichster externer Kommunikationskanal. Im Juni 2019 hatten wir mit einer Reichweite von 2,9 Millionen User-Kontakten unseren bislang erfolgreichsten Monat. Dazu kommen auch noch unsere über 20.000 aktiven TUI-Mitarbeiter auf LinkedIn, die der Marke ein Gesicht geben und gut eine Million zusätzliche Nutzer erreichen. Zusammengezählt ergibt das eine Reichweite von vier Millionen.«

Eine Verdoppelung der Zahlen innerhalb eines Jahres – dieser Erfolg kann nur gelingen, wenn die Mitarbeiter die Motivation haben, sich in sozialen Netzwerken zu engagieren, und sie über das Wissen verfügen, wie sie ihre Inhalte bestmöglich präsentieren. Dazu bietet TUI die »LinkedIn Masterclasses« an, bei denen Mitarbeiter in einer Gruppe von bis zu 25 Interessierten Social-Media-fit gemacht werden. Hierbei geht es um die Nutzung von LinkedIn: Profilerstellung und Verwaltung, Bilder, Content-Strategie. Und zwar nicht ausschließlich auf das Unternehmen ausgerichtet. Im Gegenteil, es geht um die persönliche Darstellung des Einzelnen, die am Ende für alle Sinn ergibt und einen Mehrwert schafft: für die Mitarbeiter, die Kunden, das Unternehmen.

Insbesondere SAP hat schon früh das Potenzial der Markenbotschafter erkannt und an seiner Ausschöpfung gefeilt. Bereits 2008 ermutigte die SAP-Führung seine Mitarbeiter, Social Media aktiv zu nutzen. Dafür hat das Management ihnen Schulungen und Tools zur Verfügung gestellt, um Content leichter erstellen und professionell veröffentlichen zu können. Heute verfügt SAP über eine unglaubliche Reichweite mit zahlreichen aktiven persönlichen Accounts vieler Führungskräfte und Mitarbeiter weltweit.

Topmanager müssen ihre Mitarbeiter aktiv bei der Social-Media-Nutzung unterstützen, selbst Vorbild bei der Positionierung sein. Sie müssen ihren Mitarbeitern vertrauen und sie einfach mal machen lassen. Es besteht auch kein Grund, ihnen dieses Vertrauen nicht zu schenken: Mitarbeiter haben großes Interesse daran, sich ihrem CEO anzuschließen. Sie können sich so stärker mit dem Unternehmen identifizieren und fühlen sich durch die digitale Vernetzung ihrem Chef persönlich viel näher verbunden.

Einzigartigkeit statt Masse

Klasse statt Masse! Markenbotschafter sind wichtig. Was aber niemand will, ist eine gesichtslose Masse von Social-Media-Lemmingen, die einheitliche Nachrichten über dieselben Events in der stets gleichen Corporate-Sprache veröffentlichen. Dieser Chor wäre vielleicht laut, die Inhalte aber ohne Spannung, Relevanz und Charme. Wiederholungen des allseits Bekannten braucht und will kein User im Netz.

8

NO RISK,
NO INFLUENCE

Wie Sie souverän auf Kritik reagieren

»Character is not made in a crisis, it is only exhibited.«
ROBERT FREEMAN

CEO-Branding ist nichts für Feiglinge. Wer sich positioniert, darf zumeist mit Gegenwind rechnen. Das Netz ist nicht nur voll mit Freunden, Fans und Followern. Da warten auch Gegner, Hater und Trolle, die nur auf Ihren verbalen Fehltritt warten, um ihn genüsslich zu zerreißen und ihrer Empörung Luft zu machen. Das ist so. Aber das sollte Sie nicht abschrecken oder entmutigen. In der langen kurzen Geschichte der Social Media, also in den letzten etwa 15 Jahren, hat es unzählig viele dumme Kommentare, Beleidigungen und Verleumdungen gegeben. Das heben Kulturkritiker, Soziologen, Medienwissenschaftler und Journalisten immer wieder gern hervor. Allerdings verdrängen sie dabei oft: Auf Facebook vergeben Nutzer jede Minute vier Millionen Likes. Etwa 1,49 Milliarden Nutzer sind täglich auf Facebook aktiv – die meisten in guter Absicht, voller Freude und mit guten Manieren. Aus Angst vor Hasskommentaren nicht in den sozialen Medien präsent zu sein, entspräche der Logik, nach einem Flugzeugabsturz nicht mehr in den Flieger zu steigen.

Als CEO sind Sie eine öffentliche Person. In den sozialen Medien diskutieren die Menschen und bewerten Ihre Leistung als Führungskraft, Ihr Wesen und Ihren Auftritt. Das unterbleibt nicht, wenn Sie sich den sozialen Medien entziehen. Ihnen entgeht nicht nur, was über Sie erzählt wird. Viel fataler: Sie können nicht reagieren.

Führungskräfte, die mit Onlineabstinenz glänzen, verlieren doppelt. Sie sind denkbar schlecht aufgestellt, wenn sie bei Krisen und Angriffen reagieren müssen. Und sie geben fahrlässig Mittel aus der Hand, mit denen sie viel schneller glaubwürdig und gestärkt aus einem Shitstorm oder einer Krise hervorgehen könnten.

#HasJustineLandedYet. Ein Tweet kann eine Hetzjagd auslösen

Natürlich ist es richtig, dass ein schlecht recherchierter Post oder ein unbedachter Tweet gewaltigen Schaden anrichten können. Mit Sicherheit haben Sie im Netz schon die unfassbare Geschichte der PR-Managerin Justine Sacco gelesen, die zwischen zwei Flügen einen sehr unüberlegten rassistischen Tweet absetzte: »Ich bin auf dem Weg nach Afrika. Hoffentlich bekomme ich kein Aids.

Ich mach nur Spaß. Ich bin weiß.« Als ihr Flieger landet, ist sie ihren Job los und muss auf ihrem Account über 100.000 Tweets verzeichnen, die nicht nur den Tweet, sondern vor allem sie als Menschen kritisieren, verurteilen, beschimpfen, hassen. In wenigen Minuten entwickelt Twitter sich zum globalen Pranger und macht ihr Leben zum Spießrutenlauf. Unter dem Hashtag #HasJustineLanded-Yet beginnt eine Hetzjagd. Gut, dass sie eine Sonnenbrille dabeihat, denn es fahren tatsächlich Menschen zum Flughafen, die keinen Spaß verstehen. Fotos von ihr mit Sonnenbrille landen postwendend im Netz.

Justine Saccos Geschichte ist mittlerweile fünf Jahre alt und längst Teil unseres kollektiven Gedächtnisses. Zeitschriftenbeiträge, Blogs, TED-Talks und Bücher sorgen dafür, dass sie immer wieder erzählt wird. Wie die »Urban Legends« um Spinnen in Yuccapalmen oder gekochten Hunden in Chinarestaurants, die in Vor-Social-Media-Zeiten erzählt und geteilt wurden, verbreitet auch die Geschichte von Justine Sacco Schaudern, Erschrecken, vielleicht auch etwas Schadenfreude. Wer will schon in einem Shitstorm landen? Niemand. Aber wer setzt auch solche Tweets ab, unabhängig davon, ob die ganze Welt mitlesen kann oder nicht?

Shitstorm-Entwarnung

Glaubt man den Medien, ziehen mehr Shitstorms durch das Land – oder besser: durch das Netz – als Herbststürme von September bis November. Geben Sie mal das Suchwort »Shitstorm« bei Google News ein. Sie erhalten sofort viele anschauliche Beispiele. Ein Politiker spricht in einer Talkshow über Erziehungsfragen und erhält bitterböse Kommentare, eine Firma aus Texas teilt Bikinibilder einer Bewerberin, eine Schauspielerin stillt in der Öffentlichkeit, ein Bioladen listet Lieferanten aus – und über alle bricht erbarmungslos ein Shitstorm herein. Zumindest angeblich. Dabei haben die verschiedenen Fälle, die Google, Bing oder DuckDuck Go bei Ihrer Suche finden werden, bei näherer Betrachtung relativ wenig gemeinsam. Mal handelt es sich um die Provokation eines Menschen, der gezielt die Aufmerksamkeit sucht und das gewünschte Echo erhält. Mal ist es ein Fauxpas, der für einen Moment belacht, mit Schadenfreude quittiert und wieder vergessen wird. Und dann gibt es den Shitstorm, der entsteht, weil ein Mensch in den Augen der Mehrheit moralisch versagt, sodass sein Verhalten öffentlich diskutiert und gebrandmarkt wird. Aber dieser Fall ist selten.

Die meisten Shitstorms haben weder etwas mit Stürmen zu tun noch mit der Substanz des ersten Wortteils. Das Kunstwort hilft uns bei der Beschreibung von Diskursen, Diskussionen und Reputationskrisen nicht weiter, weil es die unterschiedlichsten Phänomene mit unterschiedlichen Ausmaßen in einem Wort vereint. Haben Sie schon einmal Menschen von »kleinen Shitstorms« reden hören? Ich nicht. Und auch die kleinen wären ja noch immer unappetitlich. Dem Wort ist die Übertreibung des Ausmaßes fest eingeschrieben. Vielleicht verzichten wir lieber auf dieses Wort, das übrigens viel älter ist als das Internet. Es findet sich zum ersten Mal in Norman Mailers Roman »Die Nackten und die Toten« (»The Naked and the Dead«), der zur Zeit des Zweiten Weltkriegs spielt. Mit »shit storm« bezeichnete Mailer eine brenzlige Gefechtssituation. Verglichen damit sind ausufernde Kommentare über Stillverhalten, Erziehungs- und Managementstile zu harmlos, um dem eigentlichen Sinn des Wortes gerecht zu werden. Diese Situationen sind nicht lebensbedrohlich. Und es gibt Regeln und Kniffe, wie man sie vermeidet, abkürzt und übersteht. Was als vermeintlicher Shitstorm startet, kann durchaus mit Happy End schließen.

»Gegen Ohnmächtige oder kleine Leute bricht kein Skandal aus.«
Johannes Gross

Justine Sacco arbeitet heute wieder als PR-Managerin. Sie hat auch einen LinkedIn-Account. Trotzdem: Mit ihr tauschen möchte sicherlich niemand. Da hilft es ihr wenig – und es wird ihr auch nicht unbedingt gefallen –, dass ihr Fall in die Social-Media-Geschichte einging. Mit ihr wurde eine Person Mittelpunkt eines Skandals, die bis dahin weder prominent noch mächtig gewesen ist. Das macht ihren Fall so besonders. »Gegen Ohnmächtige oder kleine Leute«, hat der Journalist Johannes Gross bereits 1965 festgestellt, »bricht kein Skandal aus.« Gegen CEOs schon. Wenn sie nicht aufpassen.

Urlaubs-Tweets können skandalös sein

Auch der Twitter-CEO ist vor der Macht der Empörung des Twitter-Volks nicht gefeit. Das hat Jack Dorsey schmerzlich erleben müssen, als er unbedarft seine Freude über einen gelungenen Urlaub mit der Community teilen wollte. Seinen Geburtstag hatte der Milliardär im Dezember 2018 nicht im Jetset-Stil auf einer Luxusyacht verbracht, sondern recht spartanisch: Zehn Tage Meditation und Stille. Keine Musik, keine elektronischen Geräte, keine Gespräche. Nicht einmal Blickkontakt mit anderen Menschen. Eine nachhaltige Erfahrung für einen CEO mit 15-Stunden-Arbeitstag und Terminen rund um die Uhr. Kaum wieder zu Hause und in der Nähe seines Smartphones, konnte und wollte er wohl nicht anders, als möglichst viele Eindrücke seines spirituellen Trips zu veröffentlichen – samt Fotos von der spartanischen Behausung, die so gar nichts mit der sonstigen Umgebung eines Topmanagers gemeinsam hatte. Ein CEO, der als Mensch Erfahrungen sammelt, sich zurückzieht, um innere Balance und Achtsamkeit zu finden, und von dem Erlebnis so beseelt wird, dass er seine Erfahrungen weitergeben und andere Menschen inspirieren möchte. Eine Story wie geschrieben, um die Leadership Brand positiv aufzuladen und auf diesem Weg eine Menge Likes einzusammeln. Dumm nur, dass dieser Trip ausgerechnet nach Myanmar führte – jenem Land, wo die muslimische Volksgruppe der Rohingya systematisch verfolgt wird. Die UN warnt eindringlich vor einem drohenden Völkermord. Mehr als 700.000 Rohingya waren im Sommer 2017 aus Myanmar vertrieben worden oder vor der Gewalt der Streitkräfte von Myanmar geflohen. Klingt nicht nach einem friedlichen, sorglosen Urlaubsparadies…

Man mag lange und trefflich streiten, ob es angebracht ist, sich als wohlhabender Manager den Luxus des spartanischen Urlaubs ausgerechnet in so einem Land zu gönnen. Es wäre ja auch reine Privatsache, wäre Dorsey nicht der CEO eines Unternehmens mit einem Milliarden-Jahresumsatz und 330 Millionen Nutzern. Die Welle der Empörung, die dem CEO in den vielen Kommentaren entgegenschlug, ist Ausdruck seiner Prominenz. Sein Trip hätte weniger zum Skandal getaugt, wenn er weniger bekannt gewesen wäre. Aber CEOs, die eine Marke sind, stehen unter Beobachtung. Von ihnen wird besonders vorbildliches Verhalten erwartet. Dem können sie sich nicht entziehen.

Vielleicht war Jack Dorsey beim Absetzen seiner Tweets genauso ahnungslos wie seinerzeit Justine Sacco. Aber auch er fand sich unversehens im Sturm der Entrüstung wieder. Die Stille hatte er gesucht, Taubheit (»tone-deafness«) wurde ihm nun vorgeworfen. Die meisten Kritiker auf Twitter kreideten ihm nicht die Wahl seines Reiseziels an, sondern seine Form des Reiseberichts. Sie störten sich nicht daran, was er getan und erlebt hatte, sondern was er nicht geschrieben hatte. Sie vermissten einordnende Worte zur Situation seines Reiselands. Manche verglichen die Beschreibung des Selbsterfahrungstrips mit typischem Tourismus-Content. Dorsey, so der Vorwurf, habe sich durch Verschweigen der Gräueltaten mit den Tätern verbündet.

In den sozialen Medien reist das soziale Gewissen immer mit, da ist ein Privaturlaub keine Privatsache. Aber – dieses Detail ist wichtig für die Krisenprävention – Social-Media-Krisen und echte Gefahren für die Leadership Brand entstehen zumeist nicht durch das Verhalten eines CEOs, sondern durch falsche Kommunikation. Nicht was wir tun erzeugt den Skandal, sondern wie wir unser Tun beschreiben. Nicht die Reise, sondern der Reisebericht hatte die Kritiker erzürnt.

Das hatte Dorsey erkannt: Krisen, die durch Kommunikation entstehen, lassen sich auch durch Kommunikation eindämmen. So ging er mit verschiedenen Tweets direkt auf die Kritiker ein: »Ich bin mir der Menschenrechtsverletzungen und des Leidens in Myanmar bewusst. Ich betrachte Besuche, Meditationen oder Gespräche mit den Menschen nicht als Unterstützung. Es war nicht meine Absicht, das Thema durch Nichtansprechen kleinzureden, hätte aber zugeben können, dass ich nicht genug weiß und mehr lernen muss.« Im nächsten Tweet stellt Dorsey die Verbindung zwischen dem Privatmenschen Dorsey, der CEO-Brand und dem Unternehmen Twitter her: »Twitter ist eine Möglichkeit für Menschen, Nachrichten und Informationen über Ereignisse in Myanmar auszutauschen und die Notlage der Rohingya und anderer Völker und Gemeinschaften zu bezeugen. Wir arbeiten aktiv daran, aufkommende Probleme anzugehen. Dazu gehören gewalttätiger Extremismus und abscheuliches Verhalten.«

Dorsey gelang es, mit wenigen Tweets den Sturm zu beruhigen. Natürlich ließen sich nicht alle beschwichtigen. Es gab immer noch vereinzelte Kommentare wie »Feiner Pinkel, hör einfach auf. Du machst es nur noch schlimmer«. Aber die Diskussion eskalierte nicht. Im Gegenteil, das Interesse verschob sich von den Urlaubsvorlieben des CEOs zu den Menschenrechtsverbrechen gegen die Rohingya.

Der Twitter-Chef hatte seine Lektion gelernt und weiß nun, wie wichtig es ist, als globaler, internationaler und vernetzter CEO eines Weltunternehmens stets den kulturellen und interkulturellen Kontext einer Aussage im Blick zu behalten. Er hat sein Lernen öffentlich gemacht. Seine Follower erhielten nicht nur Einblicke in seinen Aufenthalt in Myanmar. Sie erfuhren auch etwas über seine Gedanken, seine Selbstzweifel und seinen Umgang mit Kritik. Er bekennt sich dazu, Fehler zu machen und lernen zu müssen. Das macht ihn menschlich. Zugleich schützt ihn dieses dynamische Selbstbild vor weiterer aggressiver Kritik: Wie will man eine Person vom Sockel stoßen, wenn diese gerade selbst herabsteigt? Vor allem – und das macht Dorseys Tweets in meinen Augen zum Lernbeispiel für gute Krisenbewältigung via Social Media: Er hat klar zwischen seinem Verhalten und Kommunikation getrennt. Nicht seine Reise hat er entschuldigt oder in Zweifel gezogen, sondern seine Tweets. Am Ende konnte er die Situation sogar nutzen, um Twitter als Medium für öffentliche Diskussionen über Menschenrechtsverletzungen zu positionieren.

Drei Gesetze der Informationsverbreitung im Netz

Jack Dorsey hat vieles richtig gemacht. Vor allem hat er schnell gehandelt. Wer sich im Netz gegen Häme, Anfeindung und Beschuldigungen wehren möchte, sollte schnell sein. Informationen bewegen sich im Netz anders und wuchtiger als außerhalb. Der Medienwissenschaftler Bernhard Pörksen hat drei Gesetze der Informationsverbreitung im Netz formuliert:

1. **Gesetz der blitzschnellen Verbreitung:** »Information ist unter digitalen Bedingungen irrwitzig schnell.«
2. **Gesetz der ungehinderten Veröffentlichung:** Information »lässt sich barrierefrei einer Weltöffentlichkeit zugänglich machen«.
3. **Gesetz der einfachen Dekontextualisierung:** Information ist »gerade im Falle von emotionalisierenden Themen hochgradig kombinations- und reaktionsbereit, wird rasch kopiert, von Website zu Website transportiert, in immer neuen Kontexten publiziert, mit anderen Informationen kombiniert.«

Dolce & Gabbanas Fiasko in Shanghai

In Kombination entfalten die drei Gesetze eine ungeheure Dynamik, sodass eine kleine Unachtsamkeit große Wirkung erzeugen kann. Die Modedesigner Domenico Dolce und Stefano Gabbana können ein Lied davon singen. Mit humorvollen und stilistisch ansprechenden Videos wollten sie im Herbst 2018 eine groß angelegte Fashionshow in Shanghai promoten. Die Videos zeigen eine Chinesin, die versucht, mit Stäbchen italienische Gerichte zu essen: Pizza, Cannelloni und Spaghetti. »Heute zeigen wir dir, wie man unsere große traditionelle Pizza Margherita mit diesen stockähnlichen Dingern essen kann«, sagt dazu ein Sprecher aus dem Off. Das sollte witzig sein. Aber Witz und Ironie sind im Netz sehr gefährlich – vor allem wenn es um Länder, Ethnien und Kulturen geht. Das hatte schon Justine Sacco erfahren müssen. Jetzt also auch Stefano Gabbana. Der reagierte aber nicht annähernd so deeskalierend, wie es Jack Dorsey getan hatte. Im Gegenteil, er schüttete Öl ins Feuer. Die Vorwürfe des Rassismus tat er als »dumm« ab, verglich das ganze Land mit einem Hundehaufen-Emoji und twitterte über die »dreckig stinkende Mafia«. Nicht nett. Und somit ging der Sturm der Entrüstung erst richtig los. Der Ärger in der Netzwelt hatte sofort handfeste und zählbare Konsequenzen. Die aufwendig geplante Modenschau wurde abgesagt. Der Onlineriese Alibaba und weitere Anbieter nahmen Dolce & Gabbana aus dem Programm. Das tut weh. Experten schätzen, dass sich die Verluste in China auf rund 100 Millionen US-Dollar belaufen.

Unter dem Imageverlust hat das Modeunternehmen bis heute zu leiden. Drei Monate später trat Dolce & Gabbana mit einer Diversity-Kampagne an die Öffentlichkeit. Und dann – in diesem Fall ist der Begriff im wahrsten Sinne des Wortes angebracht – sah sich das Modelabel wirklich einem Shitstorm ausgesetzt. Die Zahl der Kommentare, die genau das Emoji benutzten, das drei Monate zuvor auch Stefano Gabbana benutzt hatte, war immens.

Als die Empörung im November 2018 ihren Höhepunkt erreicht hatte, veröffentlichte Dolce & Gabbana ein Statement, das bekannt gab, der Account des Unternehmens und der seines CEOs seien gehackt worden. »Wir entschuldigen uns für die Unannehmlichkeiten, die durch diese nicht autorisierten Posts verursacht werden. Wir haben nichts als Respekt vor China und den Menschen in China.«

Es ist schwer nachzuweisen, ob der Account wirklich gehackt worden ist. Im Zweifel für den Angeklagten. Also glauben wir einmal, dass sich hier Unbefugte Zugang zu den Accounts verschafft und unflätige Bemerkungen in die Welt gesetzt haben. Festzuhalten bleibt dennoch, dass die Leadership Brand Stefano Gabbanas, der auch vorher durch rüpelhaften Ton und wenig einfühlsame Posts im Umgang mit kultureller Diversität aufgefallen war, nicht so stark und gefestigt ist, dass die Vorstellung, die Bemerkungen könnten nicht von Gabbana stammen, abwegig wäre. Gabbana ist ein Unternehmer mit statischem Selbstbild – unfähig oder nicht wirklich gewillt, mit anderen im Netz in Kontakt zu treten.

> »Was Sie online posten, spricht Bände darüber, wer Sie wirklich sind.
> Posten Sie mit Absicht. Antworten Sie auf Posts mit Vorsicht.«
> Germany Kent

Die Kritik an den Videoclips wertete Gabbana als Angriff und schaltete auf Gegenwehr durch verbale Vernichtung. Das ist, wenn es in den sozialen Medien zur Krise kommt, nicht unbedingt die beste Taktik. Wie heißt doch das treffende Bonmot der Journalistin Germany Kent, das auf unzähligen Blogs und Posts auftaucht und das ich im Gespräch mit CEOs immer wieder gern zitiere: »Was Sie online posten, spricht Bände darüber, wer Sie wirklich sind. Posten Sie mit Absicht. Antworten Sie auf Posts mit Vorsicht.« (»What you post online speaks VOLUME about who you really are. POST with intention. REPOST with caution.«)

Krisen entstehen durch Kommunikation. Krisen können durch Kommunikation entschärft werden

CEOs mit dynamischem Selbstbild fällt es leichter, auf Gegner einzugehen, weil sie durch Kritik ihr Selbstbild nicht bedroht sehen. Aber auch als Mensch mit statischem Selbstbild hätte Gabbana beachten müssen, dass Krisen zumeist durch Kommunikation entstehen und durch Kommunikation gelöst werden können. Auch hier gilt: Nicht der Stein des Anstoßes – in diesem Fall die drei Videos – hat die Kraft, die CEO-Brand zu gefährden. Der Schaden entsteht vielmehr durch die Art und Weise, wie man auf den aktuellen Anlass reagiert. Es hilft natürlich immens, wenn die eigene CEO-Brand bereits so viel Vertrauen, Sympathie und Glaubwürdigkeit ausstrahlt, dass sie durch einen einzelnen Anlass – ob wahr oder falsch, berechtigt oder unberechtigt – nicht in Zweifel gezogen werden kann.

Angst vor Kontrollverlust

Was viele CEOs in den unendlichen Weiten der sozialen Medien am meisten fürchten, ist der Kontrollverlust. Medienwissenschaftler Bernhard Pörksen beschreibt das als »Grunderfahrung von Individuen und Organisationen, die die Interaktion von Informationen aufgrund ihrer breiten Streuung und Verknüpfung, der Permanenz ihrer Präsenz, der raschen Durchsuchbarkeit, leichthändigen Rekombinierbarkeit und Transferierbarkeit in neue Kontexte nicht mehr zu steuern vermögen«. Das muss für alle Macher und Leader eine Zumutung sein: Im Netz darf jeder kritisieren, schmähen und verurteilen, ohne etwas nachweisen zu müssen, ohne sich ausgiebig mit Thema und Sachlage vertraut gemacht zu haben. Zudem kann jede Information, jedes Video, jeder Post aus dem Zusammenhang gerissen und uminterpretiert werden. Damit zeigt sich, wie Bernhard

Pörksen feststellt, eine »neue Qualität« des Kontrollverlustes: »Niemand kann sich auch nur im Ansatz vorstellen, was mit seinen Facebook-Postings, seinen Fotos, den eigenen Twitter-Botschaften oder SMS-Nachrichten geschieht, wie sie vielleicht schon in diesem Moment oder aber erst einen fernen Tages interpretiert und instrumentalisiert werden.«

Dieter Zetsche nutzte seinen LinkedIn-Account zur Krisenkommunikation

»Reden wir nicht drum herum.«
Dieter Zetsche

Paradoxerweise heißt die Antwort auf diese berechtigte Angst des Kontroll-verlustes nicht weniger, sondern mehr Kommunikation in den sozialen Medien. Vorgemacht hat es Dieter Zetsche. Der ehemalige Vorstandsvorsitzende der Daimler AG setzte in einer entscheidenden Krisensituation ganz bewusst nicht auf die gewohnten und auf den ersten Blick überschaubaren und undynami-schen Kommunikationsmöglichkeiten – Pressemitteilung, Produktion von eige-nen Videos, Verlautbarungen auf der eigenen Homepage. Ganz bewusst wählte er LinkedIn als Outputkanal. Nicht obwohl, sondern gerade weil er wusste, dass der Beitrag zum unzensierten Kommentieren einladen würde.

Im Juli 2017 hatte das Nachrichtenmagazin *Der Spiegel* einen Scoup, eine Enthüllungsstory gelandet und über ein potenzielles Kartell der großen deut-schen Autohersteller berichtet. Dieter Zetsche sah sich zu einer Antwort genötigt. Mit der Überschrift »Die aktuelle Lage« meldete er sich prompt zu Wort. »Reden wir nicht drum herum«, begann er: »Die Autoindustrie macht derzeit Schlagzei-len – und keine guten. Laut Medienberichten vom vergangenen Wochenende gibt es den Verdacht, dass mehrere Automobilhersteller, darunter auch wir, kar-tellrechtswidrige Absprachen getroffen haben. Außerhalb und innerhalb unserer Branche fragen sich verständlicherweise viele: ›Was ist da dran?‹«

Was dann folgt, ist keine ausführliche Beschreibung des Falls. Das wäre auch im Angesicht juristischer Ermittlungen höchst verwunderlich gewesen. Zetsche redet sich nicht um Kopf und Kragen, er handelt den Verdacht eher in wenigen Worten ab: »Fakt ist: Die Europäische Kommission prüft derzeit die Informationen, die ihr zu diesem Sachverhalt vorliegen. Ich weiß, viele von uns wünschen sich schon jetzt mehr Klarheit. Wir sind aber gut beraten, uns nicht an Spekulationen zu beteiligen.« Dann wendet er sich einem weiteren kritischen Thema zu – den Diesel-Manipulationsvorwürfen. (»Wir arbeiten den Sachverhalt seit längerer Zeit in einer internen Untersuchung systematisch auf und kooperieren in vollem Umfang mit den Behörden.«) Schließlich wendet er sich erfreulicheren Themen zu und liefert Zahlen zu einem der besten Quartale in der Unternehmensgeschichte von Daimler. Der Beitrag endet mit dem Dank an sein Team und guten Wünschen für die Sommerferien.

Satz für Satz lässt sich aus dem sorgfältig formulierten Beitrag herauslesen, wie ein CEO, der sich zu vielen Fragen und Sachverhalten nicht äußern möchte oder aus juristischen Gründen nichts sagen darf, trotzdem den Kontakt zur Öffentlichkeit sucht. Ganz nach dem Motto »Lieber selber reden, als nur im Gerede zu sein«.

Klassische Regel für Krisengespräche und Fragestunden: Touch, Turn, Talk!
Der Text folgt der klassischen TTT-Regel, die Krisenberater und Rhetoriktrainer CEOs gerne mit auf den Weg zu einer Pressekonferenz oder einem Fernsehinterview geben: Touch – Turn – Talk. Also: Nicht ausweichen, sondern ein Thema offen ansprechen (»Reden wir nicht drum herum« – Touch), nach einem kurzen Statement aber das Thema wechseln (Turn), um dann mit dem Haupt- und Lieblingsthema zu enden, mit dem man positiv punkten kann: »Der wichtigste Grund für meine Zuversicht ist aber unser Veränderungswille. Innovation ist seit jeher Teil der Daimler-DNA.«

Mit seinem Statement hat Zetsche die Krisen-PR nicht revolutioniert. Ich würde eher sagen, er hat lediglich seine Hausaufgaben gemacht. Durch die Wahl des Mediums aber hat sich »Dr. Z.«, wie er sich selbst gern nannte, als

Vorreiter der CEO-Kommunikation erwiesen. Seinen Beitrag hatte er in einem offenen Medium, das vom Unternehmen weder gesteuert noch gefiltert werden konnte, gepostet. Dafür nahm er einige Einschränkungen in Kauf. So musste man LinkedIn-Mitglied sein, um den Beitrag zu lesen. In einigen Staaten ist das Netzwerk nur schwer zugänglich. Aber in diesem Fall hatte er vor allem seine Zielgruppe in Deutschland im Blick (andere Posts hatte er stets auf Deutsch und auf Englisch veröffentlicht). Er legte Wert darauf, dass seine Worte kommentiert werden konnten. Dabei wird er im Sommer 2017 selbst am besten gewusst haben, auf welch dünnem Eis der Argumentation er sich bewegte. Die Rechnung ging auf. Die klassischen Medien reagierten eher säuerlich. So sprach der Redakteur des Medienmagazins *Meedia* in seinem Kommentar über Zetsches Text von einem »großen Phrasen-Feuerwerk«, von abgegriffenen PR-Plattitüden und einem »kommunikativen Totalausfall«. Die Nutzer, die sich auf LinkedIn direkt zu Wort meldeten, urteilten wesentlich milder und schienen die Ansicht des Journalisten – »Schweigen wäre in diesem Fall sogar die bessere Kommunikationsstrategie gewesen« – nicht zu teilen. »Ich glaube schon, sehr geehrter Herr Zetsche, dass man den Diesel sauber kriegen kann«, schrieb ein Nutzer – »Sehr guter Vorschlag, uns Betroffene mehr in die Diskussion einzubeziehen und zu informieren, denn wir sind die eigentlichen Leidtragenden dieses Skandals« ein anderer. Oder: »Ich finde es gut, wenn man bei Daimler-Benz etwas zum Abgasskandal lesen darf, insoweit ist das Statement von Herrn Zetsche gut. Ich würde aber gern mehr Fakten erfahren…« Ein Shitstorm klingt anders. Mit seinem Beitrag hatte sich Zetsche geöffnet. Er gewann Ansatzpunkte zur Diskussion und für Kontakt. Geschadet hat es weder seiner Marke noch der des Unternehmens. Im Jahr 2017 war er zum beliebtesten Manager Deutschlands gewählt worden. Wäre Schweigen die bessere Kommunikation gewesen? Ganz sicher nicht.

Konzernerbin und die Last der Vergangenheit

Vielleicht hätte Verena Bahlsen lieber geschwiegen – oder zumindest die Einladung abgelehnt, auf der Konferenz Online Marketing Rockstars (OMR) in Hamburg zu sprechen. Die OMR ist nicht irgendeine Konferenz, es ist eine der wichtigsten Online-, Marketing- und Leadership-Messen. Konferenz und

Messe verzeichnen zusammen über 50.000 Besucher. Hier treffen sich CEOs, Marketingstars, Prominente und New-Work-Apologeten. Eine schöne Gelegenheit für die 26-jährige Urenkelin des Bahlsen-Gründers Hermann Bahlsen und Anteilseignerin des Konzerns, über ihre Ideen für Neues Wirtschaften und im Allgemeinen und die Zukunft im Besonderen zu sprechen. So kann sie sich als Marke positionieren und ihr Food-Beratungsunternehmen Hermann's, ein Tochterunternehmen des Bahlsen-Konzerns, bekannter machen. Ihr Beitrag ist mit »Über das Scheitern klassischer Transformationsstrategien und die Zukunft der Kekse« überschrieben. Aber die junge Frau mit lässiger Jeanslatzhose macht gleich am Anfang klar, dass sie darüber gar nicht sprechen wird. Stattdessen möchte sie »gerne mal ein Experiment ausprobieren« und schauen, was dann passiert: »Ich würde gerne heute mal nicht versuchen, etwas vermeintlich Schlaues zu sagen, sondern sagen, was ich wirklich denke.« Das tut sie in den nächsten 15 Minuten, die live im Internet übertragen werden und später auf YouTube abrufbar sind. Etwas wagemutig bricht sie eine Lanze für neues Denken und neues Wirtschaften. Sie merkt nicht, wie sie sich um Kopf und Kragen redet.

Ihr Coach hatte ihr geraten, das Thema »Sinnentfremdung« für sich zu wählen, weil darunter momentan so viele Menschen zu leiden hätten. Also redet sie frei, ohne Manuskript und ohne Folien, und frei von der Leber weg: »Ich scheiße auch auf Wirtschaft, wenn Wirtschaft nicht ein Vehikel ist, um die Gesellschaft nach vorne zu bringen.« Starke Worte. Nun hatte kurz vor ihr der Juso-Vorsitzende und sozialistische Politikstar Kevin Kühnert ein antikapitalistisches Plädoyer vorgetragen. Da galt es mit Verve dagegenzuhalten, denn – so vermute ich – als sozialistische Antikapitalistin wollte die Millionenerbin dann doch nicht missverstanden werden. Also sagte sie den einen Satz, den sie später sicherlich bitter bereut haben wird: »Ich bin Kapitalist. Mir gehört ein Viertel von Bahlsen, darüber freue ich mich auch. Ich will Geld verdienen und mir Segelyachten kaufen von meiner Dividende.« ...

Ich nehme Verena Bahlsen ab, dass es ihr Ernst ist mit ihren Ideen für neues Wirtschaften. Ihre ironische, vielleicht auch etwas spöttische Art passte ja gut zur Umgebung dieser hippen Veranstaltung, die Business und Lifestyle, Messe und Party, Glamour und Geschäft so gut unter einem Dach vereint. Das anwesende Publikum quittierte ihr Segelyachten-Dividenden-Bekenntnis mit amüsiertem Schmunzeln. Im Netz waren einige weniger amüsiert. Schnell kursierte auf Twitter ein heftiger Vorwurf: Sie vergesse, dass ihr Reichtum nicht zuletzt auf der Beschäftigung von Zwangsarbeitern bei Bahlsen während des Nationalsozialismus basiere. Vergessen war die Selbstironie, der flapsige Tonfall, die Vorrede, mit der Verena Bahlsen ihre Worte als »Experiment« angekündigt hatte. Erst recht ihre Ideen und Visionen. Die Kommentare im Netz drehten sich um Verstrickungen des Kekskonzerns in der Zeit des Nationalsozialismus. Genauso nassforsch, wie sie auf der Konferenz auf der Bühne gestanden hatte, schlug sie in einem Interview mit der *Bildzeitung* zurück – und machte alles nur noch schlimmer: »Das war vor meiner Zeit und wir haben die Zwangsarbeiter genauso bezahlt wie die Deutschen und sie gut behandelt.« Das Unternehmen habe sich nichts zuschulden kommen lassen. Das stimmt leider nicht ganz, wie ihr Opferverbände, Historiker, Menschenrechtler und Medien wie der *Spiegel* und die *Zeit* schnell vorrechneten und recherchierten. Die Diskussion beschränkte sich nicht nur auf das Internet und deutsche Tages- und Wochenzeitungen. Auch internationale Medien wie die *New York Times*, der *Guardian* und die BBC interessierten sich auf einmal sehr für den Kekskonzern, die Erbin und das NS-Erbe. Die *Bildzeitung* kommentierte süffisant: »›Wer Keks sagt, meint Bahlsen‹, heißt es auf dem Deckblatt der Unternehmenschronik. Bitter für das Keks-Imperium: Wer momentan Bahlsen sagt, meint Geschichtsklitterei – und schüttelt dabei den Kopf.«

So hatte sich Verena Bahlsen das bestimmt nicht vorgestellt, als sie auf der Bühne in Hamburg das Wort ergriff. Sie hat nicht damit gerechnet, dass ihre Gedanken und Bemerkungen, sobald sie sie einmal geäußert hatte, nicht mehr unter ihrer Kontrolle waren. Sie wird mit Schrecken zur Kenntnis genommen haben, wie schnell diese verbreitet, allen zugänglich gemacht und dekontextualisiert worden sind. Wie Stefano Gabbana wird auch sie gelernt haben, dass eine Antwort, die mit einem statischen Mindset gegeben wird, um Kritik abzuwehren und Angriffe abprallen zu lassen, in den meisten Fällen alles nur noch schlimmer macht.

Hätte sie also lieber auf die Einladung zu den Online Marketing Rockstars verzichten sollen? Wohl kaum, denn sie hat uns etwas zu sagen. Ihre Leadership Brand ist aber nicht gefestigt genug, um gegen Angriffe von außen zu schützen.

»Am Ende wird alles gut. Und wenn es nicht gut wird, ist es noch nicht das Ende.«

Verena Bahlsen steht im Moment noch für etwas, von dem sie sich – so vermute ich – mit ihrem launigen Vortrag eigentlich absetzen wollte: Kekserbin sein. Im Netz, auf Postkarten und unzähligen Coffee Mugs kursiert ein schöner Spruch: »Am Ende wird alles gut. Und wenn es nicht gut wird, ist es noch nicht das Ende.« Die Netzgemeinschaft und die Medien haben ihr eine Lernaufgabe gegeben. Sie kann sich entwickeln. Sie kann diese Auseinandersetzung, dieses brutale Lernerlebnis nutzen, um ihre Leadership Brand zu entfalten. Sie kann in Kontakt mit den Menschen im Netz treten, kann ihr Thema »Wie lassen sich wirtschaftlicher Erfolg und Fortschritt für die Gesellschaft in Einklang bringen?« voranbringen und mit persönlichen Reflexionen, Einsichten und Erfahrungen anreichern. So entwickelt sie ihr Selbstbild ebenso weiter wie ihre Leadership Brand. Vielleicht wird sie ihren Auftritt bei den Online Marketing Rockstars dann im Rückblick nicht als Fiasko beschreiben, sondern als Anfang. Man sagt zwar, das Netz vergisst nichts. Aber es kann verzeihen.

Satya Nadellas Flugstunde

Kaum jemand weiß besser, wie schnell öffentliche Empörung im Netz eine rasante Dynamik entwickeln kann, als Satya Nadella. Auch er hat seine Erfahrungen gemacht. Und er hat sie genutzt, um seine Leadership Brand zu stärken.

»Der Weg zur Meisterschaft ist nun mal steinig und voller Sackgassen.
Manchmal fühlt man sich dabei wie ein Vogel, der fliegen lernt.
Eine Weile schlägt man bloß mit den Flügeln, dann rennt man herum.
Fliegen lernen ist nicht schön, aber Fliegen ist es.«
Satya Nadella

»Ein Leader muss eine Vorstellung davon haben, was zu tun ist – wie man trotz Furcht und Schockstarre innovativ bleibt«, ist er überzeugt. Deshalb müssen Führungskräfte Risiken eingehen und sich auch dann zu Wort melden, wenn die Gefahr groß ist, etwas Falsches oder Unangebrachtes zu sagen. Umso wichtiger sei es, schnell zu handeln, wenn Fehler passieren: »Der Weg zur Meisterschaft ist nun mal steinig und voller Sackgassen. Manchmal fühlt man sich dabei wie ein Vogel, der fliegen lernt. Eine Weile schlägt man bloß mit den Flügeln, dann rennt man herum. Fliegen lernen ist nicht schön, aber Fliegen ist es.« An einem Herbsttag in Phoenix, Arizona, hatte Satya Nadella eine ganz wichtige Flugstunde erhalten.

Die »Grace Hopper Celebration of Women in Computing« ist das weltgrößte Treffen von Computerfachfrauen. Ein Publikum wie geschaffen für Nadella, der für Werte wie Offenheit, Diversität und Gleichberechtigung stehen möchte. Er holt sich auch begeisterten Applaus des Publikums, als er sich dafür starkmacht, mehr Frauen ins Unternehmen zu holen. Dann kommt die Question-and-Answer-Session – und eine harmlose Frage, die es in sich hat. Eine Konferenzteilnehmerin möchte wissen, was Nadella Frauen rät, die sich eine Gehaltserhöhung wünschen, aber sich nicht danach zu fragen trauen. Für die Softwareindustrie ist das ein handfestes Problem, denn Topprogrammiererinnen und Topmanagerinnen wandern ab, wenn sie sich nicht wertgeschätzt fühlen.

Nadella hält kurz inne und erklärt den Frauen dann, es ginge eigentlich nicht so sehr darum, um eine Gehaltserhöhung zu bitten, sondern zu wissen und zu glauben, dass einem das System im Laufe der Zeit die angemessene Gehaltserhöhung geben werde. »Möglicherweise ist das eine der speziellen Superkräfte, über die Frauen verfügen, die nicht nach einer Gehaltserhöhung fragen, man könnte auch gutes Karma dazu sagen. Früher oder später wird es sich auszahlen. Langfristige Effizienz löst das Problem.«

Wie bitte? Nicht nach einer Gehaltserhöhung zu fragen bedeutet gutes Karma? Später hat Nadella seine Äußerung dahin gehend zu erklären versucht, eher sein Vertrauen in den langfristigen Nutzen von Vergütungssystemen ausdrücken zu wollen, statt den Frauen zu raten, im Sinne des guten Karmas in Gehaltsverhandlungen Bescheidenheit an den Tag zu legen. Richtig überzeugt hat er damit nicht. Mich nicht und auch nicht die weltweite Netzgemeinde. Auf der Konferenz hallte ihm noch wohlwollender Applaus entgegen. Die Kritik auf Facebook, Twitter & Co. war schärfer. »Ich hoffe, Satyas Kommunikationschef ist eine Frau und sie fragt genau jetzt gerade nach einer Gehaltserhöhung«, lautete zum Beispiel ein Tweet mit doppelbödiger Häme.

Nadellas Aussagen auf der Konferenz waren nicht nur verwirrend, sie waren geradezu peinlich. Das sage nicht nur ich, das sagt er selbst. In seinem Buch »Hit Refresh« schreibt er frank und frei über diese Fehlleistung. Er fordert seine Leser sogar auf, eine Suchmaschinenabfrage mit den Stichworten »Satya Nadella« und »Karma« zu starten und sich anzusehen, wie Nadella, wie er selbst sagt, »unbeholfen mit den Flügeln schlägt«.

Im Rückblick betrachtet Nadella seinen Blackout auf der Konferenz als Start- und Wendepunkt eines großen Diversitätsprogramms bei Microsoft. Als wichtigen Punkt in seiner Karriere und für die Entwicklung seiner Leadership Brand: »Auf gewisse Weise bin ich froh, dass ich mich dermaßen öffentlich blamiert habe, denn es half mir, mich mit einem Vorurteil auseinanderzusetzen, von dem ich gar nicht wusste, dass ich es hatte. Es half mir zudem, ein neues Gefühl für Empathie für die großartigen Frauen in meinem Leben und in meinem Unternehmen zu entdecken.« Das mag in nichtamerikanischen Ohren etwas pathetisch klingen. Aber Nadella hat auf alle Fälle richtig gehandelt, als er wenige Stunden nach dem Vorfall eine E-Mail an die gesamte Belegschaft sendete, in der er alle ermutigte, sich das Video anzusehen, und einräumte, die Frage der Zuhörerin völlig falsch beantwortet zu haben. Wenn man Fehler macht – und das machen alle, die fliegen lernen wollen –, sollte man es sich zumindest nicht nehmen lassen, als Erster (und oft auch Einziger) den Fall zu kommentieren und als Lernerfahrung zu nutzen. Wenn wir es nicht tun, tun es andere.

9

LEADING ACROSS CULTURES

Wie Sie die eigene Marke über Länder-, Kultur- und Generationengrenzen hinweg ausbauen

»The real voyage of discovery consists not in seeking new
landscapes, but in having new eyes.«
MARCEL PROUST

Siemens-Chef Joe Kaeser scheut sich nie vor klaren Worten und knackigen Tweets. Im Sommer 2019 attackierte US-Präsident Donald Trump in Reden und per Twitter vier farbige Politikerinnen der Demokraten. Er empfahl ihnen, in ihre vermeintlichen Herkunftsländer zurückzugehen. Die Empörung in aller Welt war groß. Auch Joe Kaeser kommentierte den Vorfall auf Twitter: »(...) Aber es bedrückt mich, dass das wichtigste politische Amt der Welt das Gesicht von Rassismus und Ausgrenzung wird. Ich habe viele Jahre in USA gelebt und Freiheit, Toleranz und Offenheit erfahren wie nie zuvor. Das war ›America Great at work‹!!«

»America Great at work!!« – Ein wohlüberlegter Tweet

Dieser Tweet war nicht spontan, sondern wohlüberlegt. Die Wortwahl zeigt, wie sich Kaeser darum bemüht, bei aller politischer Meinung seiner Verantwortung für einen weltweit agierenden Konzern gerecht zu werden. Deshalb kommentiert er Trump nicht als Person, sondern spricht bewusst vom Präsidentenamt. Er bewertet es als das »wichtigste Amt der Welt« – und das liefert ihm die Begründung, warum er sich als Nichtamerikaner zu dem Fall überhaupt äußert: weil die Taten und Worte des US-Präsidenten immer auch eine weltpolitische Wirkung entfalten und weil Kaeser für ein Unternehmen steht, das Toleranz und Offenheit leben will. Im gleichen Atemzug erwähnt Kaeser nicht ohne Hintergedanken, dass er selbst viele Jahre in den USA gelebt hat. Das rückt ihn in die Nähe der rund 50.000 Siemens-Mitarbeiterinnen und -Mitarbeiter in den USA (von etwa 380.000 insgesamt, davon 117.000 in Deutschland). Als kosmopolitischer CEO will und muss er für Respekt und Toleranz eintreten, darf sich aber nicht zu einseitigen Beschuldigungen hinreißen lassen. Seine Kritik muss so formuliert sein, dass sie sich nicht gegen die USA und die US-amerikanische Bevölkerung richtet. Deshalb nennt Kaeser bewusst den uramerikanischen Wert der Freiheit an erster Stelle und verleiht mit einer Abwandlung des Trump-Slogans »Make America Great Again« seiner Bewunderung für die Wirtschaft und für die Leistungen der Amerikaner Ausdruck: »America Great at work!«

Mit seinen wohlüberlegten und wohlformulierten Worten schafft es Kaeser, in Deutschland und in deutscher Sprache Stellung zu beziehen, ohne seine

Perspektive als CEO eines globalen Unternehmens zu vernachlässigen oder zu untergraben. Als solcher muss er über Ländergrenzen und Kulturen hinweg denken. Seine Worte dürfen andere Kulturen und Nationen nicht ausschließen. So begeistert seine Kritik an Donald Trump vom deutschen Publikum, das in vielerlei Hinsicht dem Immobilienmilliardär im Weißen Haus eher ablehnend gegenübersteht, auch aufgenommen wird – in den USA besitzt der legitime und in freier Wahl gewählte Präsident das Vertrauen vieler Anhänger. Seine Wirtschafts- und Zollpolitik, die sich durchaus gegen deutsche Interessen richtet, wird im eigenen Land naturgemäß wohlwollender aufgenommen. All das hat Kaeser im Blick, wenn er seinen Tweet zur Politik des US-Präsidenten sendet. So darf er auch nicht vergessen, dass Barbara Humpton, US-Chefin von Siemens, Mitglied einer Unternehmerrunde ist, die das Weiße Haus in Fragen der Arbeitsmarktpolitik berät.

Gefragt: klare Haltung und Trittsicherheit auf internationalem Terrain

Ein Jahr zuvor war Kaeser in den deutschen Medien scharf kritisiert worden, weil er bei einem Abendessen Trumps Industriepolitik gelobt hatte. »Schleimen ist Chefsache«, kommentierte die *Zeit* bissig, das Wirtschaftsmagazin *Bilanz* nannte ihn »Trumps großen Huldiger«.

Ob er sich nun für oder gegen etwas richtet: Mit jedem Tweet zur Politik und zu gesellschaftlichen oder wirtschaftlichen Fragen läuft ein CEO Gefahr, bestimmte Interessengruppen zu verstören oder zu vergraulen. Die Stakeholder-Map eines international aufgestellten Konzerns erstreckt sich über den gesamten Globus. Kleinaktionäre, Großaktionäre, Lokal- und Bundespolitiker, Zulieferer, Kunden und die Belegschaft setzen sich so unterschiedlich zusammen und bringen so vielschichtige Interessen und Ansprüche ein, dass jede Kommunikation Gefahr läuft, Schaden anzurichten. Schweigen aber ist keine Alternative. Zumindest nicht für Joe Kaeser. Er positioniert sich und nimmt Stellung. Das verlangt eine klare Haltung und Trittsicherheit auf internationalem Terrain.

Wenn es im VW-Interview nicht um Autos geht...

Wie glatt der internationale Boden ist, musste VW-Vorstand Herbert Diess schmerzlich erleben, als er ein neues Werk in Xinjiang (China) eröffnete. Ein BBC-Reporter fragte ihn, als er im Interview stolz von den neu geschaffenen Arbeitsplätzen sprach, wie er und sein Unternehmen dazu ständen, dass das neue Werk in einer Gegend eröffnet wurde, in der die chinesische Regierung nach BBC-Recherchen mehr als eine Million muslimischer Uiguren in Umerziehungslagern festhält und systematisch Familien trennt.

Diess wurde von der Frage überrascht und musste vor der laufenden Kamera zerknirscht einräumen, davon nichts zu wissen. Ein Statement, das für viel Wirbel in den sozialen Medien sorgte. So empfand Wolfgang Büttner von der Menschenrechtsorganisation Human Rights Watch die Aussage als »entweder naiv oder heuchlerisch«. Die Lage in der Region Xinjiang sei schließlich bekannt – durch Berichte in den Medien und durch die internationale Öffentlichkeit. »Es ist wirklich erschreckend, dass Herr Diess gegenüber der BBC sagt, er wisse nichts« über die Umerziehungslager dort«, urteilt und verurteilt der Menschenrechtler den VW-Vorstand. Ähnlich schockiert äußerte sich Margarete Bause, Sprecherin für Menschenrechtspolitik der Grünen.

Der Vorwurf wiegt schwer: Dem Autokonzern und seinem CEO wird vorgeworfen, Konflikte mit den chinesischen Behörden um fast jeden Preis zu vermeiden. China ist immerhin der wichtigste Markt für VW. Mehr als 35 Millionen chinesische Kunden fahren einen VW. Allein im Jahr 2018 hat Volkswagen nach eigenen Angaben 4,21 Millionen Autos an chinesische Kunden ausgeliefert.

Mit dem Interview war der Eklat in der Welt. Die Wolfsburger Kommunikationsabteilung versuchte noch gegenzusteuern. Ein Firmensprecher erklärte, VW sei sich der Lage in der Region Xinjiang bewusst. Man sei bemüht, vor Ort einen Beitrag zur Entwicklung der Region und zum Zusammenleben der dortigen Volksgruppen zu leisten. Richtig überzeugen konnte dieses Statement nicht mehr, vor allem nicht die internationale Presse. Diese Aussagen hätten vom CEO kommen müssen. »How could Volkswagen's CEO not know about

China's repression of Muslims?«, fragte die *Washington Post* und griff Herbert Diess persönlich an: »Als Leader eines multinationalen Konzerns mit Fabriken in ganz China muss er wissen, welche Gräueltaten in Xinjiang passieren. Sein Kommentar ist abscheulich und ebenso beunruhigend ist die Möglichkeit, dass seine Äußerungen die Ambivalenz Volkswagens in Bezug auf die Behandlung der Uiguren und anderer widerspiegeln.«

Dass Herbert Diess von den Verbrechen und Verstößen gegen die Menschenrechte in gigantischem Ausmaß wirklich nichts gewusst hat, kann sich kaum jemand vorstellen. So hatte es gut einen Monat vor Diess' Interview mit der BBC einen Artikel eines holländischen Journalisten gegeben. Überschrift: »Volkswagen in China: Wollen die Deutschen wieder behaupten, sie hätten von Konzentrationslagern nichts gewusst?« Für diesen Beitrag hatte der Niederländer eine Halb-Uigurin interviewt, deren Nachbarn und Angehörige in einem der chinesischen Lager verschwunden sind. Sie war übrigens eine Mitarbeiterin des Volkswagen-Werks.

Ein Interview wird zur Staatsaffäre
Das Echo und die Tragweite der Äußerungen des VW-Vorstands waren enorm. Ein Interview, in dem der Vorstand zunächst seinen positiven Beitrag zur internationalen Zusammenarbeit und zur Schaffung von Arbeitsplätzen hervorheben wollte, schlug um und wurde zur Staatsangelegenheit. Zehn Tage nach dem Interview beschäftigte sich der Ausschuss für Menschenrechte und humanitäre Hilfe des Deutschen Bundestages mit der Lage der Uiguren – und mit der Rolle des Wolfsburger Konzerns, dessen Sprachrohr und oberster Repräsentant der Vorstandsvorsitzende ist. Adrian Zenz, Sozialwissenschaftler aus Korntal, ging in seiner Stellungnahme für den Ausschuss hart mit dem CEO ins Gericht. Man müsse zweifelsohne davon ausgehen, dass »Äußerungen wie die von Herrn Diess dem deutschen Bild im Ausland schaden, gerade auch wegen unseres besonders sensiblen geschichtlichen Hintergrundes (die Nazizeit)«, so Zenz. Diess' Behauptung, nichts von der Situation der Uiguren zu wissen, erlaube es der chinesischen Regierung, dass sie »Hunderttausende, wenn nicht über eine Million ungeliebte Minderheiten in Lager stecken kann, ohne dass dies

wirtschaftliche Konsequenzen hätte«, führte Zenz weiter aus. Noch schlimmer aber sei, dass Diess' Statement der Weltöffentlichkeit zumindest schleichend den Eindruck gebe, dass Deutschland aus »seiner Geschichte nicht nachhaltig die entsprechenden Lektionen gelernt« habe: »Schon vor 80 Jahren hatte Deutschland fortschrittliche, effiziente und erfolgreich geführte Unternehmen, die von der Zusammenarbeit mit einem Unrechtsregime profitierten. Man darf zu Recht fragen, inwieweit sich die tatsächlichen Wertevorstellungen unserer Leitungspersönlichkeiten in der Praxis geändert haben.«

Schlimmer hätte es für den VW-Vorstand nicht kommen können. Ein vermeintlich harmloses Interview nahm die schlimmstmögliche Wendung. Hier geht es nicht um Autos. Es geht um die großen Themen. Menschenrechte, Verantwortung. Geschichtsbewusstsein. Ein CEO muss Stellung beziehen und die richtigen Worte finden. Produkte, Tagesentscheidungen, Budgets, Standortpolitik und Logistik – all das rückt in den Hintergrund. Hier geht es um Werte.

Der kurze Videoausschnitt, der immer noch auf der Homepage der BBC zu sehen ist, dauert nicht länger als 30 Sekunden. Diese halbe Minute muss Diess wie eine Ewigkeit vorgekommen sein. Man sieht es ihm an: das Ringen um eine Antwort, die VW nicht in Schwierigkeiten bringt und zugleich den chinesischen Staat und die chinesischen Kunden nicht verärgert. Eine härtere Situation kann sich kein Medientrainer ausdenken.

Internationale Öffentlichkeit wird zum Bewährungsraum

Diess sah sich unvermittelt der Situation gegenüber, eine elementare Grundsatzfrage – »Kann ein Konzern in unmittelbarer Nachbarschaft von massiven Menschenrechtsverstößen tätig sein?« – in einer Gemengelage aus internationalen und interkulturellen Interessen und Perspektiven kurz, bündig und verständlich beantworten zu müssen. Die Gesamtsituation ist ja durchaus vielschichtig: Da kommentiert eine Washingtoner Zeitung, wie ein deutscher CEO, dessen Unternehmen in China tätig ist, auf die Frage eines britischen Reporters antwortet. Ganz ehrlich: In solchen Situationen kann man nur verlieren. Man verliert als CEO und Führungspersönlichkeit aber etwas weniger, wenn man sensibler und vorausschauender auf Fragen antworten kann, die Politik, Werte und Geschichte verknüpfen.

Nicht von ungefähr lässt sich in Deutschland – ich glaube sogar: weltweit – beobachten, dass Gesellschafter, Aktionäre und Aufsichtsräte einen gesteigerten Wert darauf legen, dass Vorstände sich und ihr Unternehmen politisch mit Augenmaß positionieren können. Vielleicht galten früher Roadshows und Telefonkonferenzen mit Banken und Großaktionären als bevorzugte Aktionsfläche und Bühne. Heute ist die öffentliche Arena der Bewährungsraum – und die sozialen Medien sorgen dafür, dass politische, ethische und moralische Fragen in Echtzeit und weltweit behandelt werden. Vornehme Zurückhaltung ist für CEOs längst keine Tugend mehr.

Essenzen einer globalen Leadership Brand: Empathie, Sensibilität und Offenheit

Die Aufgaben der CEOs werden immer kosmopolitischer. Sie müssen mehr und mehr zu den unterschiedlichsten Fragen Stellung beziehen. Deshalb sind heute Kompetenzen, Erfahrungen und Stärken gefragt, die man in den 80er-Jahren in der C-Suite weder vorausgesetzt noch getestet hat: Empathie, Sensibilität für andere Kulturen, Offenheit und Gefühl für die Bedeutung von Vielfalt für die Gesellschaft, den Staat und das eigene Leben.

Früher verlangte man vom Vorstand diplomatisches Geschick und selbstsicheres Auftreten. Das allein reicht in der globalisierten Welt des 21. Jahrhunderts nicht mehr. Gefragt sind Menschen, die sich jederzeit bewusst sind, dass ihre Sichtweisen, Ziele, Gewohnheiten und Grundannahmen immer nur eine von vielen Perspektiven in einer Welt der Deutungen und Erzählungen sind. So muss sich ein deutscher CEO, der in China von einem britischen Journalisten befragt wird, sofort bewusst sein, dass es nie nur um Produkte, Preise und Produktionsprozesse geht. Immer werden zugleich auch Geschichte, Kultur und Werte mitverhandelt. Bewusst oder unbewusst. In TV-Interviews tritt diese Problematik besonders hart und brutal zutage – vor allem, wenn nach dem Interview der Shitstorm zum Orkan anwächst. Trotzdem sind diese Situationen noch das kleinste Problem. Statements kann man vorbereiten, Auftritte in den Medien kann man trainieren. Schwieriger und hartnäckiger ist die interne Vermittlung von Geschichte, Werten und Kultur im eigenen Unternehmen. Hier treffen Nationen, Generationen und Lebensvorstellungen aufeinander und müssen auf gemeinsame Ziele ausgerichtet werden. Wer hier Grenzen überwinden will, muss sie zunächst einmal sehen können.

Ein fremder CEO sieht mehr als andere

Grenzen manifestieren sich durch Unterschiede. Zwischen Mann und Frau, Jungen und Alten, Fremden und Bekannten. Der deutsche Philosoph und Soziologe Georg Simmel hat bereits 1908 einen faszinierenden Essay über »den Fremden« geschrieben und aufgezeigt, was ein »Fremder« für eine Organisation leisten kann: Er trägt neue Qualitäten in das räumliche Umfeld, die nicht ihm entstammen. Deshalb können CEOs, die von außen – aus einem anderen Unternehmen, einem anderen Land, einer anderen Branche, einer anderen Kultur – kommen, so viel bewirken. Sie bringen eine neue Qualität mit, die das Unternehmen vor ihnen nicht besessen hat.

A truly international Leadership Brand

Ein CEO hat nicht nur Wissen, Kontakte und Erfahrungen aus einer anderen Welt in seinem persönlichen Reisegepäck, sondern auch einen neuen Blick und eine neue Wahrnehmung, die ihn Unterschiede und Besonderheiten schneller und besser erkennen lassen. Top-Leader, die von außen kommen und Grenzen überwinden, sehen nicht nur mehr und anders, sie wissen auch, dass genau dieses Sehen ihre besondere Gabe ist. Und sie machen es zum Teil ihrer Marke, die ihre Botschaften und Visionen transportiert. Ihre Marke ist ihr Radargerät, das sie vor Fettnäpfchen und Fallstricken auf internationalem Terrain bewahrt. Sie brauchen keine Schutzhaut, keinen Panzer, sondern sind eher dünnhäutig und sensibel für Zusammenhänge, Verknüpfungen und Gefühle, die immer im Raum sind, wenn Kulturen, Generationen und Weltbilder aufeinandertreffen. Sie wissen: Das »Fremde« ist immer ein Spiegel des Eigenen.

»In jedem Land heißt Führen, den Raum zu lesen,
die Kultur zu respektieren und die Unterschiede zu erkennen,
wie Menschen Informationen wahrnehmen.«
Bill McDermott

Nehmen wir zum Beispiel Bill McDermott, der als US-Amerikaner mit ausgeprägtem Vertriebsgeist dem Softwareriesen SAP sicherlich mehr Kundenorientierung und »Drive« verordnen konnte, als es eine deutsche Führungskraft aus Walldorf je geschafft hätte. Nicht obwohl, sondern weil er Amerikaner ist. Wenn McDermott im Rückblick voller Stolz feststellt, das Ruder für SAP in den USA herumgerissen zu haben, kann man ahnen, wie viel Mühe und Gespräche ihn das gekostet haben muss.

Bereits in seiner Zeit als US-Chef für SAP hatte er erkannt, dass die Schwierigkeiten, die das Unternehmen in den USA hatte, nicht durch das Produkt, sondern durch das Selbstbild und das Weltverständnis des urdeutschen Softwarekonzerns entstanden sind. Er sah und hörte, wie gerne sich deutsche Entwickler und Vertriebsmanager im Verkaufsgespräch in technische Details und Designfragen vertiefen und dabei den Kundennutzen aus den Augen verlieren. Für amerikanische Kunden ist diese deutsche Ingenieurskunst viel zu weit weg vom eigenen Geschäft. Deshalb präsentiert Bill McDermott in den USA ganz anders als in Deutschland: »Wenn ich Amerikanern etwas präsentieren möchte, sage ich ihnen, dass wir geplant haben, den Umsatz in diesem Quartal um 30 Prozent zu steigern. Dann darf ich Applaus erwarten. In Deutschland würde ich dagegen zunächst die Herausforderungen des Geschäfts erläutern und dann erst unsere Absicht erklären, den Umsatz um 30 Prozent zu steigern.« Besser kann man den Unterschied zwischen einer von seiner Ingenieurskunst geprägten deutschen Kultur und der geradlinigen, optimistischen amerikanischen Kultur nicht auf den Punkt bringen.

Wichtig für ihn, seine Leadership Brand und nicht zuletzt für SAP war vor allem, dass er nicht nur die kulturellen Unterschiede zwischen Deutschland und den USA erkannt hatte, sondern auch, was es heißt, global und international zu führen: »In jedem Land heißt Führen, den Raum zu lesen, die Kultur zu respektieren und die Unterschiede zu erkennen, wie Menschen Informationen wahrnehmen.« Anstatt sich nur auf die eigene Agenda zu konzentrieren und diese voranzutreiben, müssen sich CEOs darum bemühen herauszufinden, was die Kultur ihres Unternehmens braucht. Als Fremder hat man dafür besondere Antennen.

Deutsche Vorstandsetagen werden internationaler

McDermott ist in der bald 50-jährigen SAP-Geschichte der einzige US-Amerikaner, der das Unternehmen führen durfte. Und er ist Vorreiter eines Trends. Deutschlands Topkonzerne beschäftigen so viele ausländische Vorstände wie noch nie. Mittlerweile haben 35 Prozent der Vorstände einen ausländischen Pass. Das zeigt eine aktuelle Analyse der Strategie- und Marketingberatung Simon Kucher & Partners. Die gestiegene Internationalität lässt sich allerdings nur auf der Ebene des Gesamtvorstands feststellen. Die Position des Vorstandsvorsitzenden bleibt zumeist noch deutschen (männlichen) Vertretern vorbehalten. Immerhin waren 2019 sieben (23,3 Prozent) statt wie im Vorjahr nur fünf (16,7 Prozent) Vorstandsvorsitzende nichtdeutscher Herkunft. Sie stammen zumeist aus europäischen Nachbarländern. Aber auch Manager mit Nationalitäten außerhalb Europas und der USA besetzen vermehrt Posten in den DAX30-Vorstandsebenen. Asiaten, Afrikaner, Südamerikaner und Australier stellen zwölf Vorstände im Jahr 2019 (6,1 Prozent): Vier Vorstände stammen aus Indien, je zwei aus Australien und Südafrika und je ein Vorstand aus Brasilien, China, Sri Lanka und Venezuela.

Deutsche Topmanager scheuen oft die Übernahme von Spitzenpositionen im Ausland

Nicht nur bei der Besetzung von Vorstandspositionen mit Männern und (insbesondere) Frauen aus dem Ausland gibt es noch Luft nach oben. Das gilt auch für die umgekehrte Richtung. Nur wenige suchen und finden den Weg in die C-Suite ausländischer Unternehmen.

»Versuche immer mit Demut zu handeln,
menschlich zu sein und du selbst zu sein.«
Bill McDermott

Die interkulturelle Komplexität steigt beim Weg über die Grenzen immens. Die fremde Sprache erweist sich dabei noch als das kleinste Übel. Viel schwieriger ist die Anpassung an andere Gewohnheiten, Kulturen und Wirklichkeitsauffassungen. Viele Manager verspüren das unbehagliche Gefühl, abseits von zu Hause – wenn sie anders agieren und sich auf Unsicherheiten jenseits des Gewohnten einlassen müssen – weniger klar, stringent und erfolgreich zu sein. Dabei unterschätzen sie allzu oft, dass sie gerade als »CEO von außen« vieles einbringen können, was ein Unternehmen braucht, um sich wandeln und erneuern zu können: den neuen Blick, ein Hinterfragen von Positionen, einen unbelasteten Umgang mit der Vergangenheit bei gleichzeitigem Gespür für die Bedeutung von Kontext, Gefühlen und Deutungsmustern. Das alles verlangt den Führungskräften natürlich einiges ab. Sie müssen bereit sein zuzuhören, zu lernen und Unsicherheiten offenzulegen. Das geht nur mit dynamischem Selbstbild und dem Selbstvertrauen, auf Status und Fassade verzichten zu können.

»Versuche immer mit Demut zu handeln, menschlich zu sein und du selbst zu sein«, schreibt Bill McDermott allen angehenden CEOs ins Stammbuch. Wer seine eigene Marke ausschließlich auf die Leistungen der Vergangenheit ausrichtet und versucht, seine Position als Fremder im System eher zu überspielen als zu nutzen, kann globalen Konzernen nicht bieten, was sie brauchen: Anstöße zur Veränderung und Ermutigung zu Höchstleistungen.

Ein deutscher Teamspieler an der Spitze eines der innovativsten Unternehmen der USA

Ein deutscher CEO hat es an die Spitze eines US-amerikanischen Topkonzerns geschafft und wird dort als Vordenker und Vorbild gefeiert. Bezeichnend, dass man seinen Namen in der Heimat eher selten hört: Benno Dorer.

»Innovation ist Teamsport.«
Benno Dorer

Benno Dorer ist seit 2014 Chef von Clorox, dem US-Konsumgütergiganten für Haushaltsreiniger und Körperpflegeprodukte. Er führt ein Unternehmen mit rund 8.000 Mitarbeitern und einem Jahresumsatz von knapp sechs Milliarden Dollar. 2019 hat ihn das *Forbes*-Magazin in seine Liste der »Innovative Leaders« aufgenommen. Dort steht sein Name auf Platz 39 gemeinsam mit Größen wie Jeff Bezos, Elon Musk, Mark Zuckerberg und Tim Cook.

Auf LinkedIn bedankte er sich für die Glückwünsche zu dieser Auszeichnung und setzte sofort hinzu, dass Innovation in seinen Augen immer Ergebnis eines Teamsports sei: »Ja, es stimmt, neue Produkte und neue Wege zu finden, ist eine Leidenschaft, die mich auf meinem gesamten Berufsweg begleitet hat. Es stimmt auch, dass ich glaube, dass Innovation nicht nur für The Clorox Company, sondern für jedes Unternehmen da draußen das Herzstück der Wertschöpfung ist. Aber die größte Wahrheit hier ist, dass Innovation ein Teamsport ist.«

Erfolgreich als Expatriate-CEO: Deutsche Tugenden kommen bei Millennials gut an

Dorer ist nicht nur auf der berühmten *Forbes*-Liste, sondern auch noch in einem weiteren Ranking zu finden. Das ist vielleicht noch viel bemerkenswerter. 2017 fand sich sein Name auf der jährlichen Glassdoor-Liste – uns zwar noch vor Zuckerberg, Nadella & Co. Das Ranking der Karriereplattform Glassdoor basiert auf anonymen Befragungen von Mitarbeitern, die ihre eigenen Chefs bewerten. Die Clorox-Mitarbeiterinnen und -Mitarbeiter waren anscheinend mit so viel Herzblut dabei, dass ihr CEO ganz oben auf der Liste landete.

Der Deutsche kommt gut an. Er fühlt sich geschmeichelt, versucht aber im Gespräch mit der heimischen Presse den Ball möglichst flach zu halten. »Ich versuche, meinen eigenen Narzissmus gering zu halten«, sagt er im Gespräch mit der *FAZ*. Personenkult ist ihm zuwider. Gerade das, so meint er, sei vor allem den jungen Menschen in seinem Unternehmen immens wichtig. Und ihr Urteil wiederum sei für ihn als CEO besonders entscheidend, denn Millennials und die Digital Natives gewönnen für ein Unternehmen immer mehr an Bedeutung. Um besser zu verstehen, wie die 20- bis 30-jährigen Menschen in seinem Unternehmen ticken, was sie um- und antreibt, hat er für sich und seine Führungskräfte spezielle Lehrer aus den eigenen Reihen rekrutiert: Jeder Topmentor erhält seinen eigenen »Millennial Mentor« an die Seite gestellt. Dorer selbst hat auch einen, wie die *Frankfurter Allgemeine Zeitung* berichten kann: Er heißt Peter, »ist 26 Jahre alt und arbeitet im Vertrieb. Die beiden treffen sich regelmäßig zum Mittagessen. Peter erzählt dann von seiner Arbeit und von dem, was sonst in seinem Leben passiert, und Dorer fragt ihn auch um Rat.« Das Mentorenprogramm hat schon viele Anstöße für Veränderung und Kulturwandel geben können – von einer Kaffeebar bis zur Neufassung der betrieblichen Altersversorgung.

Lernen, sich an andere Kulturen anzupassen, heißt, andere Seiten an sich selbst zu entdecken

Der SC-Freiburg- und Spätzlefan vermutet, dass es vor allem seine »typisch deutsche« Art sei, die bei den Mitarbeiterinnen und Mitarbeitern so gut ankommt: Bescheidenheit sei für einen CEO kein Makel. Zwar ist Dorer sich immer treu geblieben – der Schwabe begann seine Karriere bei Procter & Gamble und arbeitet seit 25 Jahren im Ausland. Aber er stellt auch fest, dass er sich selbst verändern musste, um als Expatriate im Chefsessel erfolgreich zu sein. Er habe nicht nur gelernt, sich an andere Kulturen anzupassen, er habe auch eine extrovertiertere und eine weichere Seite entwickelt.

»Ein wichtiger Teil des Erfolgs besteht darin, über das Gewohnte, Bequeme oder Gesicherte hinauszugehen, um bessere Geschäftsentscheidungen zu treffen.«
Benno Dorer

Diversität und Inklusion als strategischer Wert

Großen Wert legt Dorer auf Diversität. Gemeinsam mit 150 anderen Vorstandsvorsitzenden unterstützt er die Bewegung »CEO Action for Diversity & Inclusion«. Das Thema ist ihm wichtig, da denkt er ganz als Businessmensch: »Vielfältige Gedanken, Stile und Hintergründe verbinden Unternehmen besser mit ihren unterschiedlichen Verbrauchern. Wir können bessere Geschäftsentscheidungen treffen«, erklärt er auf dem firmeneigenen Blog. Inklusion und Vielfalt sind wichtige Bestandteile seiner Leadership Brand eines Grenzgängers und Grenzenüberwinders: »Ein wichtiger Teil des Erfolgs besteht darin, über das Gewohnte, Bequeme oder Gesicherte hinauszugehen, um bessere Geschäftsentscheidungen zu treffen.«

Die einfache Formel für die Vorteile der Vielfalt: »Plus One«

Eine einfache Initiative, Vielfalt zu fördern und Mitarbeiter dabei zu unterstützen, ihren Horizont zu erweitern, nennt sich bei Clorox »Plus One«. Dorer beschreibt es so: »Wir arbeiten alle in Teams und den meisten Teams fehlt ein bestimmter Denkstil oder Hintergrund oder eine Erfahrung, die das Team stärken könnten. Deshalb prüfen bei uns unsere Product Supply Leaders, ob in einem Führungsteam die Möglichkeit eines ›Plus One‹ besteht, um die Vielfalt und die Fähigkeiten der Gruppe zu verbessern.« Er liebt das Konzept, »weil es so einfach ist und sich auf jedes Projektteam anwenden lässt«.

Diversität muss Teil der Strategie sein – und Chefsache

Den Schritt aus der Komfortzone wagen, auf andere zugehen, dem Fremden bewusst begegnen: Das ist ebenso Aufgabe der gesamten Organisation wie des Einzelnen. Viele Unternehmen schreiben sich die Förderung der Vielfalt auf die Fahne. Innerhalb der Organisation wird allerdings eine einzelne Abteilung oder eine verantwortliche Person mit der Zielerreichung beauftragt. Das Ansinnen verpufft dann zumeist als Programm mit großer Rhetorik und geringer Wirkung. Dorer mahnt, dass es nicht ausreiche, Diversity zum Programm zu erklären. Diversity müsse integraler Bestandteil der Strategie eines Unternehmens sein – und die geht bekanntlich vom CEO aus.

Der CEO muss vorangehen, Diversität zur Chefsache machen. »Es beginnt an der Spitze, aber es erfordert das Engagement aller, sich wie Eigentümer eines Unternehmens zu verhalten und ein bisschen kühner, mutiger und integrativer zu sein.«

Als Einwanderer, Fremde, Topmanager mit Arbeitserlaubnis oder, wie es McDermott beschreibt, als »Global Executives«, die ihr Leben zu großen Teilen in 35.000 Fuß Höhe verbringen, sind CEOs mit ausländischem Pass quasi von Geburt an sensibler für die Befindlichkeiten von Kulturen. Sie erkennen die Möglichkeiten und Chancen der Vielfalt oft besser und klarer. Sie machen es sich aus eigenem Antrieb zur Aufgabe, diejenigen zu fördern, die sich als Außenseiter und – aus welchen Gründen auch immer – nicht zur Mehrheit zugehörig fühlen. Sie tun das nicht zuletzt, um besser auf die Bedürfnisse und Anforderungen der Kunden eingehen zu können, die im 21. Jahrhundert so bunt, unterschiedlich und mannigfaltig geworden sind wie nie zuvor.

Für den Microsoft-CEO Satya Nadella sind seine Erfahrungen als Einwanderer aus Hyderabad nach Redmond Kern seines Denkens, seines Selbstverständnisses und seiner CEO-Brand: »Ich weiß jetzt, wie schwer es ist, neu in einem Unternehmen anzufangen, das nicht aussieht wie du, und in einer Gemeinschaft zu leben, wo der Großteil deiner Nachbarn nicht aussieht wie du.« Umso wichtiger ist für ihn, dass Führungskräfte Vorbilder sind, mit denen sich die Mitarbeiter voll und ganz identifizieren können. Führungskräfte, die auf ihrer Suche nach Lösungen nicht eindimensional denken, sondern global.

Bei Microsoft gibt es mehr als 40 Netzwerke wie zum Beispiel »Blacks@ Microsoft«, die bestimmte Interessen vertreten. Sie organisieren Onlinediskussionen und bieten Mentorenprogramme an. In deutschen Unternehmen ist der Stellenwert für Diversitätsprogramme und -initiativen viel niedriger als in US-Unternehmen wie Microsoft oder Clorox. Hier besteht Nachholbedarf. Nur 26 Prozent von 1.530 Führungskräften sowie Unternehmerinnen und Unternehmern, die das Wiener Hernstein Institut für Management und Leadership 2019 befragt hat, geben an, dass es in ihrem Unternehmen Maßnahmen im

Bereich Diversität gibt. Weitere 28 Prozent sagen, dass diese noch nicht bestehen, aber geplant sind. Das heißt unter dem Strich: Knapp die Hälfte der Unternehmen hat das Thema (noch) nicht auf der Agenda. Anders Microsoft, das mit Nadella das Thema Diversity ganz oben auf die Prioritätenliste gesetzt hat. Unter Nadella hat sich Microsoft zu einem lernenden Unternehmen entwickelt, das in rasantem Tempo neue Geschäftsmodelle hervorbringen, akquirierte Unternehmen integrieren und die Unternehmenskultur auf Innovation und Kundenfokus ausrichten konnte. Mit unfassbarem ROI: Der Kurs der Microsoft-Aktie ist seit Nadellas Amtsantritt bis 2019 um 320 Prozent gestiegen. Rekord!

Hauptwährung für CEOs: Empathie

Der Erfolg von Microsoft ist das Ergebnis der Transformation der Unternehmenskultur und ihre Ausrichtung auf Innovation und Diversität. Als CEO konnte Nadella nicht allein den Hebel umlegen, aber er hat entscheidende Impulse und Initialzündungen gesetzt, weil er zwei Ebenen des Wandels in seiner Person verbunden hat: Beide Ebenen beschreibt er in seinem Buch »Hit Refresh«: »den Wandel, der heute in mir stattfindet und in unserem Unternehmen, angespornt von einem Gefühl der Empathie und dem Wunsch, andere zu eigenständiger und eigenverantwortlicher Arbeit zu befähigen«. Dazu braucht man als Führungskraft diese »einzigartige Eigenschaft namens Einfühlungsvermögen«: Empathie.

Empathie hat sich längst als wichtigste Währung für Führungskräfte globaler Unternehmen etabliert, um Vertrauen, Follower und Kunden zu gewinnen.

»Empathie – die Fähigkeit, die Gefühle eines anderen zu verstehen und zu erfahren – ist weiterhin nicht nur ein grundlegendes Bedürfnis auf menschlicher Ebene, sondern ein geschäftlicher Imperativ mit Auswirkungen, die spürbar ergebniswirksam sind.« Zu diesem Ergebnis kommt die aktuelle »State of Workplace Empathy«-Studie des Unternehmens Businessolver aus dem Jahr 2019, in der 1.850 HR-Professionals, Angestellte und CEOs befragt wurden. Fazit: »Empathie ist der Wettbewerbsvorteil, den viele Führungskräfte verpassen.«

»Manche Leute werden versuchen,
euch davon zu überzeugen, dass ihr euer Einfühlungsvermögen
aus eurer Karriere heraushalten solltet.«
Tim Cook

Apple-CEO Tim Cook gab den MIT-Absolventen 2017 einen guten Rat mit auf den Weg: »Seid vorbereitet. Manche Leute werden versuchen, euch davon zu überzeugen, dass ihr euer Einfühlungsvermögen aus eurer Karriere heraushalten solltet. Akzeptiert diese falsche Prämisse nicht.«

Empathie: Was ist das eigentlich?

Wie aber lässt sich Empathie fördern – bei sich und bei anderen? Ist Mitgefühl angeboren? Für manche Menschen ist es vor allem ein Ausbund von Gefühlsduselei. »Empathische Führung«, »Empathie als Teil der Leadership Brand«: Ich gebe zu, das klingt ein wenig nach Stuhlkreis, Bällewerfen und gemeinsamem An-den-Händen-Halten. Das ist natürlich entweder falsch oder nur ein kleiner Teil eines ganz großen Bildes.

Vielleicht fällt es uns so schwer, Empathie als Hauptelement des Wirkens einer Führungskraft zu beschreiben, weil wir keine genaue Vorstellung davon haben, was Empathie ist. Streng genommen steht der Begriff nämlich für drei Arten, miteinander umzugehen:

- die Art und Weise, wie wir herausfinden, was andere fühlen (kognitive Empathie),
- die Art und Weise, wie wir Gefühle (mit)teilen (emotionale Empathie), und
- die Art und Weise, wie wir versuchen, die Erfahrungen und Erlebnisse der anderen positiv zu gestalten (empathische Fürsorge).

Wenn wir diese drei Säulen der Empathie im Hinterkopf behalten, können wir besser verstehen, warum Top-CEOs so viel Zeit und Mühe darauf verwenden, Minderheiteninitiativen, Feste und Bräuche mit Aufmerksamkeit zu bedenken. Ihre LinkedIn- und Twitter-Accounts quellen gefühlt über von Erwähnungen von LGBT-Initiativen und dem Einsatz für Minderheiten und bestimmte ethnische Gruppen. Freundliche Grüße zu Weihnachten, zum Zuckerfest, zum Passahfest. Das alles ist, wenn es ernst gemeint ist, mehr als politisch korrekte Pflicht. Dahinter steht das ehrliche Bemühen, eine in der modernen Wirtschaftswelt fast vergessene Fürsorge zu pflegen: »Empathy's most important role, though is to inspire kindness: our tendency to help each other, even at a cost of ourselves.« Das Zitat des Stanford-Psychologen Jamil Zaki habe ich hier auf Englisch wiedergegeben, weil mir die Übersetzung etwas schwerfällt. Wie lässt sich »kindness« am besten übersetzen? Nettigkeit? Wohlwollen? Güte? Es scheint mir, als hätten diese Wörter in der deutschen Sprache etwas Patina angesetzt. Dabei sind sie ultramodern. Die neue Generation von Führungskräften, die auf flache Hierarchien, Führen auf Augenhöhe und sinnorientiertes Wirtschaften (Purpose) setzt, verfolgt einen effektiven Altruismus. Karriere und Weltverbesserung sind für sie kein Widerspruch. Ihre Erfahrung, mit digitalen Technologien zu arbeiten, hat sie gelehrt, analytisch zu denken. Also wägen sie nüchtern ab. Moralisches Handeln ist in ihren Augen weniger eine Frage des Gefühls als eine Frage der Vernunft. Warum sollen sie nicht einen coolen und gut bezahlten Job anstreben, wenn sie dadurch viel Geld verdienen, um Gutes zu tun? Dementsprechend legen Millennials so viel Wert darauf, dass ihr Unternehmen, dem sie mindestens vierzig Stunden Lebenszeit pro Woche widmen, verantwortlich handelt und mit seinen Produkten und Services die Welt ein kleines bisschen besser wird – oder zumindest nicht schlechter.

Die Empathielücke

Folgt man der »State of Workplace Empathy«-Studie, tut sich allerdings in amerikanischen Unternehmen eine Empathielücke auf. 91 Prozent der befragten CEOs glauben, dass Empathie direkt mit der finanziellen Leistung eines Unternehmens zusammenhängt. Etwa ebenso viele sind überzeugt, dass auch das von ihnen geführte Unternehmen einfühlsam ist, aber nur 72 Prozent der Mitarbeiter stimmen dem zu. Die Zahlen belegen die nicht unwesentliche Differenz zwischen Anspruch und Wirklichkeit. Es gibt noch viel zu tun. Führungskräfte, die Empathie in ihrer Leadership Brand tragen, sind ebenso gefragt wie benötigt.

Wie aber wird man eine empathische Führungskraft? Die Antwort liegt auf der Hand, auch wenn man sie nicht immer hören mag: durch Lebenserfahrung. Ich erinnere hier noch einmal an Satya Nadella, der in seinem Buch »Hit Refresh« freimütig berichtet, wie ihn vor allem seine Familiengeschichte Empathie gelehrt hat. Mit Geburt seines Sohnes Zain, der an Gehirnlähmung leidet, begann für seine Frau und ihn eine Odyssee von Krankenhaus zu Krankenhaus, von Arzt zu Arzt. Oft hatte er sich gefragt, warum gerade ihn und seine Frau dieses Schicksal treffen musste. Bis ihn seine Frau darauf aufmerksam machte, dass das die falsche Frage sei. »Nicht mir ist etwas passiert; etwas ist mit Zain passiert. Und ich musste mich steigern, um ihm Elternteil und Vater sein zu können.«

Nadella hat seine Lektion gelernt. Seitdem ist Empathie für ihn der wichtigste Schlüssel zur guten Mitarbeiterführung – und zu guten Produkten. »Für mich besteht der Schlüssel zu jeder Agenda in Sachen Produktinnovation darin, mich mit den Kunden zusammenzusetzen und von den geäußerten (und nicht geäußerten) Bedürfnissen zu lernen.«

Bill McDermott nennt diese Fähigkeit »Reading the Room«: zu wissen und zu spüren, was andere fühlen und brauchen, und den Willen zu haben, ihnen ein gutes Erlebnis und gute Erfahrungen zu ermöglichen. Diese Empathie benötigen Führungskräfte in Jahresgesprächen mit Mitarbeitern ebenso wie in einem Kick-off-Meeting am Anfang eines Transformationsprozesses. Oder in dem Moment, in dem sie vor laufender Kamera eine heikle politische Frage beantworten müssen.

> *»Man wird kein sonderlich krisenfestes Geschäft haben, wenn man sich nicht Gedanken macht über die wachsende Ungleichheit in der Welt und wenn man nicht dazu beiträgt, das Leben aller Menschen zu verbessern.«*
> Satya Nadella

Was kann man tun, um sein eigenes Empathiekonto stets im Plus zu halten? Viel lesen, gut zuhören und sowohl in der realen wie auch in der virtuellen Welt im Dialog und im Kontakt sein. Das alles laufend und ständig. Empathie lässt sich nämlich nicht ein- und ausschalten wie ein Lichtschalter – auch wenn Vertraute dem VW-Vorstand Herbert Diess dem *Handelsblatt* zufolge genau das zutrauen.

Nein, die Lektüre eines guten Buchs, der Chat im Onlineforum und der Plausch über ein Hobby, einen Urlaub oder ein Familienereignis eines Mitarbeiters ist keine Privatsache, kein Luxus und auch keine Aufgabe, die ein CEO »on top« zu seinen zusätzlichen Aufgaben erledigt. Das ist seine Hauptaufgabe als Führungskraft. »Als CEO ist es unsere Aufgabe, den Aktionären bestmögliche Rendite zu bescheren«, sagt Satya Nadella, um im gleichen Atemzug hinzuzufügen: »Aber ich finde außerdem, ein Firmenlenker muss sich auch Gedanken über die Welt machen, über die Gesellschaft und über langfristige Perspektiven (je größer sein Unternehmen ist, desto mehr muss er darüber nachdenken). Man wird kein sonderlich krisenfestes Geschäft haben, wenn man sich nicht Gedanken macht über die wachsende Ungleichheit in der Welt und wenn man nicht dazu beiträgt, das Leben aller Menschen zu verbessern.«

10

THE GIVING MINDSET

Warum Großzügigkeit Leadership voranbringt

*»We make a living by what we get,
but we make a life by what we give.«*
WINSTON CHURCHILL

Wie Sie vielleicht in der Presse gelesen oder aus anderer Quelle erfahren haben, ist heute ein wichtiger Tag für mich. Mein Vertrag als CHRO von Siemens wird im gegenseitigen Einverständnis mit Wirkung zum 31. Januar 2020 gelöst werden.« Mit diesen Sätzen wandte sich Janina Kugel, Chief Human Ressources Officer der Siemens AG, an ihre mehr als 30.000 LinkedIn-Follower. Ein Paukenschlag im Netz: der Abgang einer der profiliertesten Managerinnen in Deutschland. Als Personalvorstand trug Janina Kugel bei Siemens die Verantwortung für über 350.000 Beschäftigte. Sie steht für Diversität und eine modernere Unternehmenskultur. Ihr Tenor: Nach vorn blicken, auch und gerade in Krisen. »Veränderung ist das, was ich jetzt in meinem eigenen Leben erreichen will. Um den Wandel anzunehmen, müssen wir ständig neue Dinge lernen und neue Inspiration suchen, egal was wir bereits wissen. Nachdem ich Siemens verlassen habe, werde ich mir die Zeit nehmen, von anderen Unternehmen und Menschen mit unterschiedlichen Erfahrungen und Hintergründen zu lernen. Ich bin gespannt, wie sie ihre Herausforderungen meistern und wie sie neue Ansätze verfolgen.«

Die Resonanz auf diesen Post ließ nicht lange auf sich warten: Zehn Tage nach Veröffentlichung erreichte er 27.386 Views, 2.881 Likes und 275 Kommentare. Mal ganz kurz: »Wir werden Sie vermissen«, mal ausführlich mit langen Schilderungen der Erfolge, die Janina Kugel als Vordenkerin und Verantwortliche für Vielfalt und digitalen Wandel in den einzelnen Siemens-Bereichen verzeichnen konnte. Allein die Kommentare zeigten schnell: Hier geht es nicht um den (vorzeitigen) Abgang einer Managerin, hier geht es um die Zukunft einer Personality Brand. Das hier war keine übliche Personalmeldung des gewohnten Hire-and-Fire-Geschäfts. Hier stand ein entscheidendes Kapitel einer Markengeschichte im Mittelpunkt: Wie wird die Janina-Kugel-Story weitergehen?

»Um den Wandel anzunehmen, müssen wir ständig neue Dinge lernen
und neue Inspiration suchen, egal was wir bereits wissen.«
Janina Kugel

Und es ist Janina Kugel selbst, die sie erzählt. Sie verfügt über ihre Plattformen, um den Deutungen und Mutmaßungen der Medien, aber auch den Verlautbarungen des Unternehmens ihre eigene Stimme entgegenzustellen. Ihren Followern und Fans erklärt sie die Situation, beugt Spekulationen vor. Gekonnt steuert sie die Kommunikation, bevor sie selbst ein Objekt der Spekulation und Nachrede wird: Personal Branding at its best. Wenn Janina Kugel einen Beitrag auf LinkedIn in diesem Stil schreibt, denkt sie nicht an ihre Karriere. Sie arbeitet für ihre Marke. Den Job wird sie wechseln – ihre Marke bleibt.

Es fällt auf, dass bei erfolgreichen Frauen im Management als Grund für ihre Karriere oft nicht die persönliche Kompetenz, sondern eher die Förderung durch andere und Begünstigung gesehen werden: »Wahr ist vielmehr, dass Kugel ihren steilen Aufstieg in den Vorstand in erster Linie ihrem über viele Jahre sehr engen Draht zu CEO Joe Kaeser zu verdanken hat«, will zum Beispiel das *Manager Magazin* wissen. Vielleicht muss man aber gar nicht Ausschau nach Mentoren und (männlichen) Förderern halten, um den Aufstieg der Managerin zu erklären, die 2018 die Liste der 100 einflussreichsten Frauen der deutschen Wirtschaft, die das *Manager Magazin* und die Boston Consulting Group aufgestellt hatten, anführte. Er lässt sich auch als Ergebnis eines systematischen, beharrlichen und mutigen Personal Branding auf Social Media verstehen: »Personalvorständin Janina Kugel hat aus sich selbst eine Marke gemacht«, hatte ein paar Monate zuvor die Wirtschaftsjournalistin Eva Buchhorn anerkennend festgestellt – ebenfalls im *Manager Magazin*. Sie gibt uns auch die Erfolgskriterien für Kugels Personal Branding: »Charisma, Sichtbarkeit in den sozialen Medien und eine gehörige Portion Machtinstinkt«. Popularität und eine große Zahl an Followern muss hart erarbeitet werden. Janina Kugels Marke ist deshalb erfolgreich, weil sie ein klares Brand-Statement mit einer Charaktereigenschaft zu verbinden weiß, die überall geschätzt, aber viel zu selten praktiziert wird: Generosität.

Sie nutzt ihren Artikel auf LinkedIn, mit dem sie ihren Abschied ankündigt, weder zur Generalabrechnung noch zur egozentrischen Aufzählung persönlicher Erfolge. Stattdessen wählt sie Worte des Danks und der Demut. Damit entspricht sie dem Leadership-Stil der Zeit, wie er von vielen Top-CEOs nicht zuletzt auf

Social Media gelebt und geprägt wird: Im Mittelpunkt steht die Wertschätzung für die Leistung anderer Menschen, Freude an Fortschritten in Projekten, neuen Ideen und schönen gemeinsamen Momenten. Daran erkennt man den »Giving Mindset«, der herausragende Social-Media-Aktivitäten von vielen zurückhaltenden, unterkühlten und eher an Fakten orientierten Profilen anderer Topmanager unterscheidet. Genau das macht auch Janina Kugel zum »Star unter den Managern« (*FAZ*).

Noch kann niemand sagen, wie ihre Story weitergeht, aber alle wollen es wissen. Janina Kugel hat es geschafft, Heldin ihrer eigenen Geschichte zu werden. Einer Geschichte, die sich aus klar akzentuierten Markenwerten und Markenbotschaften speist. Wie kaum eine andere steht die ehemalige Siemens-Managerin und Mutter von Zwillingen für Diversity, Gender Equality und Inclusion. Diese Themen treibt sie voran, auf diesen Gebieten ist sie gefragt. Das macht den Kern ihrer Marke aus. Hinzu kommen ihre Sachkenntnis und ihre Verve für die digitale Transformation. Jedes Unternehmen – Familienbetriebe wie DAX-Konzerne – muss sich neu organisieren und im Idealfall komplett neu erfinden. Zukunftsorientierung, Ausrichtung auf neue Möglichkeiten durch Blockchain, Machine Learning und Deep Learning sowie KI – das alles können Leader nicht allein mit einem Strategiewechsel erreichen. Nur wer den Mut hat, alte Strukturen aufzubrechen, kann Wandel möglich machen. Technischer Fortschritt ist eben nicht nur technisch, er betrifft die gesamte Ausrichtung des Unternehmens: wie es wirtschaftet, wie es kommuniziert, wie es für die Zukunft plant. Das verlangt einen Kulturwandel.

Jetzt ist es gefallen, dieses große Wort: Kultur. Lange Zeit ein Begriff, der das Etikett »Nice to have« nicht abzulegen wusste. Ja, Kultur war wichtig, stand aber nicht im Mittelpunkt des Denkens und Handelns eines Top-Leaders. Stellte man die berühmte Frage, was einen CEO nachts wach hält – vor ein paar Jahren kam das Wort »Kultur« in der Antwort sicherlich nicht vor. Das hat sich radikal geändert. Heute ist Kultur die Antwort auf alle Fragen.

Die Art und Weise, wie ein Unternehmen das Neue in die Welt bringt, wie es mit Problemen umgeht, wie es Verantwortung übernimmt und welche Beziehungen es pflegen will, entscheidet über die Wettbewerbsfähigkeit.

> *»Ich halte es für wesentlich, die Mitarbeiter ins Zentrum zu rücken und sich auf deren individuelle Bedürfnisse einzustellen.«*
> Janina Kugel

Business Leader wissen: Die Kulturfrage steht und fällt mit gelebter Leadership. Janina Kugel hat auf den Punkt gebracht, was Führungskräfte anders machen müssen, wenn sie auch in der digitalen Unternehmenswelt erfolgreich sein und ihre Unternehmen zum »Employer of Choice« wandeln wollen:

»Ich halte es für wesentlich, die Mitarbeiter ins Zentrum zu rücken und sich auf deren individuelle Bedürfnisse einzustellen. In der Praxis verlangt das von einer Führungskraft, dass sie einmal als Kollege auftritt, einmal als Mentor, einmal als Coach und ein anderes Mal als Mentee, dem etwas beigebracht wird. Diese Rollen muss man oft mehrmals am Tag wechseln, je nach Situation und Mitarbeiter. Das verlangt eine gute Portion Menschenkenntnis, Einfühlungsvermögen und Kreativität.«

Das ist eine ganze Menge: Mehrfach am Tag die Rollen wechseln – und dabei trotzdem authentisch bleiben. Und dann warten da ja noch die großen und kleinen Managementaufgaben des Tagesgeschäfts. Die neuen Herausforderungen verlangen von Ihnen ein Höchstmaß an Flexibilität, Multiperspektivität und Lernbereitschaft. In der Entwicklung und in der Erschließung dieser Kompetenzen können Social Media Sie unterstützen: wenn Sie eine Leadership Brand entwickeln, sich sozial vernetzen und mit einem Giving Mindset in den Austausch mit unterschiedlichen Zielgruppen treten.

Der größte Vorteil der sozialen Medien wird von vielen Leadern noch immer übersehen. Das Internet erlaubt es uns, im wahrsten Sinne des Wortes generös zu sein und Gutes zu tun – einfach durch Sharen, Liken, Posten. Sie können einfacher und schneller Wissen teilen und neue Allianzen schmieden, um Ihrer vornehmsten Aufgabe an der Unternehmensspitze gerecht zu werden – der Aufgabe des CRO, des Chief Reputation Officers: Bewahrer und Förderer der Kultur, der Reputation und der Anziehungskraft seines Unternehmens.

Zwei Worte ersetzen komplette Richtlinien

Kultur lässt sich nicht verordnen. Kultur muss vorgelebt werden. Jeden Tag aufs Neue. Kaum jemand macht sich diese Devise mehr zur Richtschnur als Mary Barra, CEO von General Motors. Zwei Worte haben sie im Netz berühmt gemacht: »Dress appropriately.« Durch diese knappe Aussage hat sie seitenlange Handreichungen und Richtlinien zu passender Kleidung am Arbeitsplatz und im Kundengespräch ersetzen lassen. Statt Mitarbeitern detaillierte Vorgaben zu machen und Führungskräfte aus der Verantwortung zu nehmen, mit ihren Mitarbeitern ins Gespräch zu kommen, schenkt sie den Mitarbeitern Vertrauen. Sie überlässt es ihnen, die Vorgabe nach angemessenem Auftreten durch ihre eigene Kleiderwahl umzusetzen.

Wir alle wissen, wie wichtig der Dresscode für die Unternehmenskultur ist – spätestens seitdem im Silicon Valley Sneaker die Halbschuhe und Jeans die Nadelstreifen ersetzt haben.

Mary Barras knapper Satz bringt aber weit mehr zum Ausdruck als lediglich Vorgaben zum äußeren Erscheinen: Sie braucht nur zwei Worte, um Vertrauen zu schenken, Engagement zu fördern und die Attraktivität von GM als Arbeitgeber zu stärken. Kein Wunder, dass die Geschichte des kürzesten Dresscodes aller Zeiten im Netz sofort viral verbreitet wurde. Ebenso wenig überrascht es, dass Mary Barras LinkedIn-Account über eine Million Follower aufweist. Sie zieht alle Register ihrer Brand, um der Unternehmenskultur ihres Unternehmens ihren Stempel aufzudrücken. Sie redet nicht über Kultur. Sie prägt sie. »What You Do is Who You Are« lautet ein Leitspruch und Buchtitel des Venture-Capital-Investors Ben Horowitz. Mary Barra zeigt Tag für Tag, wie ein CEO den Kulturwandel vorantreibt, indem sie ihre Marke jeden Tag mit Leben füllt.

Positive Leadership

Seit einigen Jahren hat sich in der Psychologie der Zweig der »Positiven Psychologie« entwickelt. Anders als andere Teilbereiche, die erforschen, was Menschen krank, unglücklich und abhängig macht, konzentriert sich die Positive Psychologie auf die Untersuchung von Faktoren, die unser Leben bereichern und zum Gelingen beitragen: Freude, Zukunftsorientierung, Selbstverwirklichung… und eben Optimismus. Auf Grundlagen der Erkenntnisse der Positiven Psychologie hat sich der Ansatz der »Positive Leaderships« entwickelt – und ich gehe davon aus, dass dieser Ansatz noch erheblich an Zustimmung gewinnen wird. Mit großer Wahrscheinlichkeit wird bald eins der Leadership-Bücher, die Sie lesen, von diesen Ideen bestimmt sein.

Positive Leadership ist – nach der Definition des Wirtschafts- und Organisationspsychologen Markus Ebner – die Kompetenz, »ein Arbeitsumfeld zu schaffen, in dem Mitarbeiterinnen und Mitarbeiter Lust haben, ihre Stärken auszuleben und weiterzuentwickeln, sich in dem, was sie tun, wertgeschätzt fühlen, sich damit identifizieren und dadurch motiviert sind, sich nicht nur an der geforderten Leistung zu orientieren, sondern sich einzubringen – die Extrameile zu gehen«. Allerdings warnt Ebner: »Nicht allzu selten springen allerdings Mitarbeiterinnen und Mitarbeiter in ihre neue Aufgabe mit der Energie und Motivation eines Tigers, um dann nach wenigen Monaten als Bettvorleger zu landen. In diesem Fall ist etwas schiefgelaufen.« Genau das gilt es zu verhindern.

Ihre Mitarbeiter, Partner, Aufsichtsräte, Kunden, Zulieferer und Freunde stecken alle bis zum Hals in einem Meer von Fragen, die die Digitalisierung mit sich bringt. Umso mehr suchen sie Kontakt, Ermutigung und Optimismus. Social Media erlauben es Ihnen, mit Worten, Zahlen und Bildern Nähe zu schaffen, Impulse zu geben und Optimismus zu verbreiten. Unzählige Start-ups, Initiativen und Organisationen zeigen uns, dass die reine Profitorientierung nicht erfolgreich macht. Wer Menschen gewinnen möchte, sollte ihnen vorab etwas geben: Interesse, Sympathie, Vertrauen. Auch durch Informationen, Wissen und Geschichten.

»Wenn die Stimmung gut ist, ist alles möglich«, hat Bill McDermott einmal auf LinkedIn geschrieben. Vor allem erlaubt Optimismus Ihnen, Menschen zu bestärken und sie zu ermutigen, den wichtigen nächsten Schritt zu tun. »Und das ist es, was gute Führung ausmacht«, ergänzt Satya Nadella: »in jedem Menschen das Beste zum Vorschein zu bringen«.

Also: Die Welt wartet auf Ihren nächsten Post. Und auf eine Führungskraft, die andere stärkt: The more you give the more you get.

One day or
day one.
You decide.

Quellennachweise und Literatur

Dieses Buch ist an der Praxis orientiert und keine wissenschaftliche Abhandlung. Selbstverständlich finden Sie im Folgenden dennoch eine Übersicht über die von mir verwendeten Quellen. Zugunsten der Übersichtlichkeit werden Bücher, aus denen mehrfach zitiert wurde, aber nur einmal angegeben. Alle Onlinequellen wurden am 22.11.2019 zum letzten Mal aufgerufen. Tweets und Posts werden nicht mit Quellen belegt, weil die Links zumeist nur zur Profilseite führen. Ich empfehle Ihnen generell, den genannten CEOs auf LinkedIn, Twitter & Co. zu folgen. Für die leichtere Lesbarkeit habe ich englische Posts ins Deutsche übersetzt.

Prolog: Read, Post and Lead
Zur Ablösung John Legeres durch Mike Sievert vgl.:

- den Beitrag im Manager Magazin: https://www.manager-magazin.de/unternehmen/artikel/t-mobile-chef-john-legere-geht-mike-sievert-als-nachfolger-ab-mai-2020-a-1297098.html und
- das spannende Porträt im Wirtschaftsmagazin Capital: https://www.capital.de/wirtschaft-politik/t-mobile-us-chef-john-legere-hoert-auf-34732

1. Vision, Voice and Confidence: Wie der ganzheitliche Auftritt CEOs zu starken Marken macht
Die meisten Zitate von Satya Nadella in diesem Kapitel (wie im gesamten Buch) stammen aus seiner lesenswerten Autobiografie:

- Satya Nadella: Hit Refresh. Wie Microsoft sich neu erfunden hat und die Zukunft verändert. Plassen Verlag, Kulmbach 2018

Außerdem habe ich folgendes Porträt über Nadella verwendet:

- Stefan Schultz: Ein Nerd übernimmt das Kommando, Spiegel Online vom 04.02.2014, https://www.spiegel.de/wirtschaft/unternehmen/satya-nadella-portraet-des-neuen-microsoft-chefs-a-951487.html

Für die Charakterisierung Steve Ballmers habe ich den FAZ-Beitrag von Roland Linder herangezogen:

- Der Aufgeregte, in: FAZ vom 18.09.2007, https://www.faz.net/aktuell/wirtschaft/netzwirtschaft/microsoft-chef-steve-ballmer-der-aufgeregte-1459837.html

Quelle zur Partnerschaft von Microsoft und WBA:

- https://cloudblogs.microsoft.com/industry-blog/de-de/retail/2019/01/29/walgreens-boots-alliance-und-microsoft-7-jaehrige-partnerschaft/

Die Zitate und Überlegungen zum statischen und dynamischen Selbstbild stammen aus dem Bestseller von Carol Dweck:

- Carol Dweck: Selbstbild. Wie unser Denken Erfolge oder Niederlagen bewirkt. Aktualisierte und erweiterte Ausgabe, Piper Verlag, München 2017

Die jüngsten Forschungen zu den positiven Auswirkungen des dynamischen Selbstbildes auf die Organisationskultur finden sich in einem Aufsatz im Personality and Social Psychology Bulletin:

- Canning, Elizabeth A., Mary C. Murphy, Katherine T. U. Emerson, Jennifer A. Chatman, Carol S. Dweck, and Laura J. Kray: Cultures of Genius at Work: Organizational Mindsets Predict Cultural Norms, Trust, and Commitment. Personality and Social Psychology Bulletin, September 2019, doi:10.1177/0146167219872473

Zu den kulturhistorischen Überlegungen:

- Barbara Tuchmann: Die Torheit der Regierenden, Fischer Verlag, Frankfurt am Main 2001 (4. Aufl.)
- Jared Diamond: Collapse. How Societies choose to fail or survive, Penguin, London 2011

Zur »geschulten Inkompetenz«:
- Chris Argyris: Overcoming Organizational Defenses, Prentice Hall, New York 1990

Zum »Working Out Loud«-Ansatz vgl.
- John Stepper: Working out Loud. For a better Career and Life, Ikigai Press, New York 2015

Zum Tweet von Joe Kaeser zur AfD vgl. seinen LinkedIn-Beitrag:
- https://www.linkedin.com/pulse/wie-politisch-sollkanndarf-ein-ceo-sein-joe-kaeser-1e/
- Außerdem: Axel Höpfner: Ein Tweet von Siemens-Chef Kaeser gegen die AfD brachte ihm heftige Kritik – und 3.000 neue Follower, in: Handelsblatt online, 10.07.2018, https://www.handelsblatt.com/unternehmen/industrie/nach-drohungen-ein-tweet-von-siemens-chef-kaeser-gegen-die-afd-brachte-ihm-heftige-kritik-und-3000-neue-follower/22784020.html?ticket=ST-1938885-NH3JIzQob0RYnvMubccW-ap3
- Und: Reinhard K. Sprenger: Joe Kaeser handelt selbstherrlich und übergriffig, in: welt.de, veröffentlicht am 24.07.2019, https://www.welt.de/debatte/kommentare/article197381773/Siemens-Chef-Joe-Kaeser-twittert-selbstherrlich-und-uebergriffig.html

Donald Trumps Autobiografie:
- Donald Trump und Tony Schwartz: Trump. The Art of the Deal, Ballantine Books, New York, 1987, S. 45 (Zitate werden in meiner Übersetzung wiedergegeben)

Den Gedanken, dass Menschen zusammenzuführen, Konsens herzustellen und Ausgleich zu ermöglichen in einer Welt, die immer instabiler, unsicherer, komplexer und doppeldeutiger wird, eine der wichtigsten und vornehmsten Aufgaben der Führungskräfte ist, verdanke ich Ryan Holiday:
- Ryan Holiday: Dein Ego ist dein Feind. So besiegst du deinen größten Gegner, Finanzbuch Verlag, München 2017, S. 14

Das Zitat von Richard Branson habe ich gefunden auf Impulse Online vom 07.11.2016:

- https://www.impulse.de/management/selbstmanagement-erfolg/richard-branson-zitate/3538081.html

2. Corporate Stories need Corporate Heroes: Wie die gelebte CEO-Marke das Unternehmen voranbringt

Quelle der Followerzahlen der beliebtesten Twitter-Accounts:

- https://de.statista.com/statistik/daten/studie/188854/umfrage/twitter-accounts-with-the-most-followers-worldwide/

Und zu den Auflagen der Printpresse:

- https://de.statista.com/statistik/daten/studie/382146/umfrage/auflage-der-frankfurter-allgemeinen-zeitung/
- https://de.statista.com/statistik/daten/studie/382155/umfrage/auflage-der-tageszeitung-handelsblatt/
- https://de.statista.com/statistik/daten/studie/526304/umfrage/verkaufte-auflage-vom-manager-magazin/

Der Connected Leadership Report 2019 des Beratungsunternehmens Brunswick lässt sich hier herunterladen:

- https://www.brunswickgroup.com/perspectives/connected-leadership/

Das Zitat des Google-CEO Sundar Pichai habe ich einem Interview mit der Australian Financial Review vom 05.11.2019 entnommen (eigene Übersetzung):

- https://www.afr.com/work-and-careers/leaders/google-ceo-prefers-to-slow-down-in-the-fast-world-of-tech-20191014-p530gv?_lrsc=fcce00e1-5ee3-4037-aea4-44506f45ef02&_lrsc=f622009d-1dc1-4f2f-b3fc-41e72e53f9d4&utm_source=social&utm_medium=leap&utm_campaign=linkedin&src=li-leap

Dieter Zetsches Gedanken zu Elektroautos und vieles mehr habe ich dem Bosch-Unternehmensblog entnommen:
- https://www.bosch.com/de/stories/thought-leader-dieter-zetsche/

Die Social-Listening-Definition greift zurück auf:
- https://blog.hootsuite.com/de/social-listening-richtig-gemacht/

Mehr zur Masterthesis von Sabrina Huber zum CEO-Branding als Wettbewerbsvorteil für KMUs:
- https://fh-hwz.ch/news/ceo-branding-wettbewerbsvorteil/
- Außerdem: https://www.ceo-branding.ch

Der Wertverlust von Apple in Zahlen nach dem Rücktritt von Steve Jobs aus gesundheitlichen Gründen findet sich bei:
- Marc Fetscherin (Hg.): CEO Branding. Theory and Practice, Routledge New York / London 2015, S. 5

Die Zahlen zu Social-Media-Reichweiten habe ich folgenden Quellen entnommen:
- https://www.pewresearch.org/fact-tank/2018/12/10/social-media-outpaces-print-newspapers-in-the-u-s-as-a-news-source/
- https://www.brandwatch.com/de/blog/interessante-social-media-zahlen-und-statistiken/

Zur Social-Media-Abstinenz der deutschen CEOs:
- https://www.karriere.de/meine-skills/topmanager-auf-twitter-linkedin-und-xing-nur-wenige-dax-chefs-nutzen-soziale-netzwerke/24104708.html

Zu den US-CEOs:
- https://www.cnbc.com/2019/06/17/these-ceos-have-the-strongest-social-media-presence-survey-shows.html
- https://www.businessinsider.de/most-connected-ceos-on-social-media-platforms-2019-6?op=1

- Elisabeth Dostert und Karl-Heinz Büschemann: »Wir müssen emotionaler werden.« Süddeutsche Zeitung, 16.09.2019, Nr. 214, S. 16
- https://www.basf.com/global/de/who-we-are/sustainability.html

Zum Edelman Trust Barometer:
- www.edelman.com/trust-barometer

Über Tory Burch:
- https://www.scmp.com/magazines/style/fashion-beauty/article/2177568/lvmh-executive-pierre-yves-roussel-named-ceo-tory
- https://buffer.com/state-of-social-2019

Über Toby Daniels:
- https://www.entrepreneur.com/article/338653

3. Find your Story, Hone your Voice: Persönlich heißt nicht privat, sondern echt

Informationen über den Interbrand-Report 2018 sowie das CEO-Ranking finden sich hier:
- https://brandfinance.com/news/press-releases/jeff-bezos-takes-top-spot-in-new-ceo-ranking/-
- Außerdem: https://www.ceotodaymagazine.com/top-ceos/ceo-today-top-50-ginni-rometty/

Ginni Romettys Beschreibung der Social Media als »Fertigungsanlagen« der heutigen Welt findet sich hier:
- https://businessesgrow.com/2014/02/11/ginni-rometty/

Das Zitat von Jeff Weiner stammt aus LinkedIn:
- https://www.linkedin.com/posts/jeffweiner08_ive-been-asked-about-the-traits-of-an-effective-activity-6593907624742264832-O3G_/ (eigene Übersetzung)

Über Joe Kaesers Äußerungen über Elon Musk auf Twitter hatte das Manager Magazin berichtet:

- https://www.manager-magazin.de/lifestyle/artikel/siemens-joe-kaeser-spricht-von-kiffender-kollege-und-meint-elon-musk-a-1295644.html

Das Zitat von Steve Jobs habe ich dem lesenswerten Buch von Ben Horowitz zu verdanken:

- Horowitz, Ben: What You Do Is Who You Are. How to create Your Business Culture, London 2019, S. 47

4. Build your Digital World: Welche Plattformen für Sie die besten sind

Aktuelle Informationen über LinkedIn-Nutzerzahlen habe ich dem Blogbeitrag von 99firms entnommen, der auf von LinkedIn veröffentlichte Zahlen zurückgreift:

- https://99firms.com/blog/linkedin-statistics/#gref

Als Beispiele für Tim Höttges LinkedIn-Posts empfehle ich:

- https://www.linkedin.com/posts/timh%C3%B6ttges_heute-habe-ich-den-ersten-escooter-im-telekom-design-activity-6555426194655846400-R1LB
- https://www.linkedin.com/posts/timh%C3%B6ttges_bei-strahlendem-sonnenschein-heute-morgen-activity-6587982630346600448-_Ggc
- https://www.linkedin.com/posts/timh%C3%B6ttges_what-are-the-prerequisites-for-a-successful-activity-6576804057866874880-r7XK

Weitere Infos zu den Unterschieden zwischen LinkedIn und Xing:

- https://www.fuer-gruender.de/blog/linkedin-oder-xing/

Zu den Nutzerzahlen von Instagram:

- https://www.similarweb.com/website/instagram.com

Zu Twitter:

- https://www.futurebiz.de/artikel/twitter-statistiken-nutzerzahlen/

Ein Bericht über die CEOs, die LinkedIn als Top Voices auszeichnet, findet sich hier:
- https://www.linkedin.com/pulse/linkedin-top-voices-2018-deutschland-%C3%B6sterreich-und-schweiz-weber

Dan Roths Tipps, wie man viele Kommentare auf LinkedIn erhält, finden sich hier:
- https://www.inc.com/glenn-leibowitz/how-to-become-a-linkedin-top-voice-according-to-linkedins-editor-in-chief.html

Die Zahl der Beschäftigten deutscher Unternehmen im Ausland stammt aus einem FAZ-Artikel:
- https://www.faz.net/aktuell/wirtschaft/unternehmen/deutsche-unternehmen-draengen-wieder-ins-ausland-13534175.html

Mehr über John Legere und seine Kochshows im Internet:
- https://www.geekwire.com/2018/cooking-disruption-t-mobile-ceo-john-legere-marks-two-years-popular-cooking-show-slow-cooker-sunday/
- https://www.wsj.com/articles/t-mobiles-ceo-and-the-tribal-approach-to-management-11567828805

Das Zitat von Kevin Systrom, warum Instagram-Nutzer Stories brauchen:
- https://www.vox.com/2018/8/8/17641256/instagram-stories-kevin-systrom-facebook-snapchat

Über Lloyd Blankfein als Twitter-Enthusiast:
- https://qz.com/work/1106613/goldman-sachs-ceo-lloyd-blankfeins-first-20-tweets-on-twitter-categorized/

Brian Cheskys Zitat auf Twitter:
- https://twitter.com/bchesky/status/935613303363067905

Zu AirBnB:
- https://news.airbnb.com/airbnb-makes-group-travel-easy-with-global-launch-of-split-payments/

Über Mathias Döpfners Twitter-Abstinenz hatte die Fachzeitschrift Horizont berichtet:
- https://www.horizont.net/medien/nachrichten/exklusivinterview-was-die-neue-deutschlandchefin-jolanta-baboulidis-mit-twitter-vorhat-172361?crefresh=1
- Dazu ein paar Reaktionen aus der Journalistenszene: https://meedia.de/2019/01/18/von-widerspruechlich-extrem-rueckwaertsgewandt-bis-er-hat-recht-das-sagen-medien-chefs-zu-mathias-doepfners-twitter-aussagen/

Mehr Infos zur Plattform Vero:
- https://www.ionos.de/digitalguide/online-marketing/social-media/vero/
- https://www.thenational.ae/arts-culture/comment/the-rise-and-fall-of-social-media-app-vero-1.709839

Über Vero selbst:
- https://vero.co/values

Zu Mark Zuckerbergs Podcast »Tech and Society«:
- https://www.news18.com/news/tech/facebook-ceo-mark-zuckerberg-launches-his-own-podcast-to-talk-about-tech-on-spotify-2117973.html

5. Wow, Woo and Win: Wie Sie Exzellenz kommunizieren
Ein schönes Porträt der »eisernen Lady von Silicon Valley« Meg Whitman findet sich im Handelsblatt:
- https://www.handelsblatt.com/unternehmen/it-medien/sxsw-2019/sxsw-2019-erst-kam-die-aera-des-kinos-dann-die-aera-des-fernsehens-dann-kam-quibi/24077008.html?ticket=ST-8824187-iQMsSGsBmE6RkxfAYGHb-ap3

- Außerdem: https://www.cicero.de/wirtschaft/kompetent-aber-herzlos/48002

Ihre Erkenntnisse, die sie einer Shampooflasche zu verdanken hat, hat sie auf LinkedIn mitgeteilt:
- https://www.linkedin.com/pulse/what-designing-shampoo-bottle-taught-me-business-meg-whitman

Lesenswert ist auch ihr Beitrag »Prepared for Success«:
- https://www.linkedin.com/pulse/prepared-success-meg-whitman?articleId=6574688115624079360#comments-6574688115624079360&trk=public_profile_post

Literatur zu weiblichen Rollenbildern:
- Benjamin J. Drury, John Oliver Siy, and Sapna Cheryan: When Do Female Role Models Benefit Women? The Importance of Differentiating Recruitment From Retention in STEM, in: Psychological Inquiry, 22: 265–269, 2011

Zum Tinder-Verhalten:
- Jürgen Schmieder: »Die meisten Tinder-Nutzer sind zwischen 18 und 25 Jahre«. Süddeutsche Zeitung, 30.09.2019, Nr. 226, Seite 16

Die Studie des Beratungsunternehmens Accenture »You are your Content« aus dem Jahr 2017 ist hier herunterladbar:
- https://www.accenture.com/_acnmedia/pdf-44/accenture-you-are-your-content-survey-screen.pdf

Paypal-CEO Dan Schulman über Nasdaq-CEO Adena Friedman:
- https://www.linkedin.com/pulse/running-towards-opportunities-my-never-stand-still-nasdaq-schulman/

Wie vielen Werbebotschaften wir täglich ausgesetzt sind, hat Thomas Koch in der Wirtschaftswoche beschrieben:
- https://www.wiwo.de/unternehmen/dienstleister/werbesprech-nie-war-die-botschaft-so-wertlos-wie-heute/23163046.html

Informationen zur Great-Place-To-Work-Studie:
- https://fortune.com/2019/10/02/worlds-best-workplaces-global-culture/

Zum Trendreport »Wie lebt Deutschland übermorgen?«:
- https://www.trendreport.de/living-2038-wie-lebt-deutschland-u%CC%88bermorgen/

Die aktuelle Ausgabe des Edelman Trust Barometers steht hier online zur Verfügung:
- https://www.edelman.com/trust-barometer

Informationen zu den Social-Listening-Tools sind dem Hootsuite-Blog entnommen:
- https://blog.hootsuite.com/de/social-listening-richtig-gemacht/

Zur Brunswick-Plattform »Connected Leadership«:
- https://www.brunswickgroup.com/perspectives/connected-leadership/

6. You are Your Content: Wie Sie Post für Post die Marke stärken
Die Umfrage zur Bekanntheit der DAX-Vorstände in der deutschen Bevölkerung wurde 2015 von der Dr. Doeblin Gesellschaft für Wirtschaftsförderung durchgeführt:
- http://www.wp-online.de/snippet/15/05.pdf

Das Agenturnetzwerk ECCO International hat 2019 die Social-Media-Aktivität von CEOs aus 21 Ländern untersucht und die Ergebnisse auf LinkedIn veröffentlicht:

- https://www.linkedin.com/pulse/ecco-international-communications-studie-social-ceo-stark-allemann/

Die Studie des Beratungsunternehmens Accenture »You are your Content« aus dem Jahr 2017 ist hier herunterladbar:

- https://www.accenture.com/_acnmedia/pdf-44/accenture-you-are-your-content-survey-screen.pdf

Die Ergebnisse der Untersuchung der CEO-Editorials aus CEO-Geschäftsberichten ist hier abrufbar:

- https://www.kirchhoff.de/fileadmin/20_Download/Studien/20190122_KI-Studie.pdf

Über die Analyse des Verbands der Redenschreiber deutscher Sprache (VRdS), die Tim Höttges als besten Redner ausmachte, hat der PR-Report berichtet:

- https://www.prreport.de/singlenews/uid-895698/telekom-ceo-tim-hoettges-ist-der-beste-redner/

Der Cisco Visual Networking Index: Forecast and Trends, 2017–2022 ist hier abrufbar:

- https://www.cisco.com/c/en/us/solutions/collateral/service-provider/visual-networking-index-vni/white-paper-c11-741490.html

Über »rosige Zeiten« für Podcasts berichtete Zeit Online im Oktober 2018:

- https://www.zeit.de/news/2018-10/26/spotify-manager-rosige-zeiten-fuer-podcasts-181026-99-541277

Die wichtigsten Social-Media-Trends für 2019 hat Hootsuite in einem Whitepaper zusammengefasst:

- https://blog.hootsuite.com/de/die-wichtigsten-social-media-trends-2019/

Praktische Ratschläge zum Erstellen viraler Videos gibt es unter:
- https://suxeedo.de/magazine/content/virale-videos/

Hilfreiche Tipps zum Aufbau einer Personal Brand gab Michael Stelzner im September 2019:
- https://www.socialmediaexaminer.com/personal-branding-how-to-successfully-build-brand-rory-vaden/

Dass hinter den auf den ersten Blick albern anmutenden Auftritten Richard Bransons eine ausgeklügelte Marketingstrategie steckt, hat ein Beitrag im Wirtschaftsmagazin Capital schön herausgearbeitet:
- https://www.capital.de/karriere/richard-branson-lektionen

Tim Höttges' sehenswerter Jahresrückblick im stilechten Weihnachtspulli findet sich hier:
- https://www.youtube.com/watch?v=ygezdvnZBfY

Dazu auch die Beobachtungen von Claudia Tödtmann:
- https://blog.wiwo.de/management/2018/12/25/social-media-wenn-vorstaende-im-ugly-weihnachtspulli-ihre-belegschaft-gruessen-zetsche-hoettges-kerkhoff-burkhard-kaufmann-und-ametsreiter/

Allen Gannett's Videoserie und weiteren interessanten Content finden Sie auf seinem LinkedIn Account:
- https://www.linkedin.com/in/allengannett/

Sallie Krawchecks Videos:
- https://www.youtube.com/watch?v=uEjSsllD4LE

Mehr über Jeff Weiners Leadership-Philosophie:
- https://www.cnbc.com/2018/08/15/linkedin-ceo-jeff-weiner-on-hiring-and-leadership.html

»Status of Mind« heißt eine Studie der »Royal Society for Public Health« aus dem Jahr 2017, die die Auswirkungen des Social-Media-Verhaltens der Jugendlichen auf ihre Gesundheit untersucht:

- https://www.rsph.org.uk/uploads/assets/uploaded/d125b27c-0b62-41c5-a2c0155a8887cd01.pdf

7. Grow Your Crowd: Wie Sie mit Reichweite Relevanz erzielen – und umgekehrt

Die Analyse der Social-Media-Präsenz der DAX-Vorstände stammt von der Unternehmensberatung Oliver Wymann aus dem Jahr 2018:

- Alles wird digital – bis auf den Chef, https://www.oliverwyman.de/media-center/2018/feb/Alles-wird-digital-bis-auf-den-Chef.html

Hier findet sich auch das Zitat von Dieter Zetsche:

- https://www.oliverwyman.de/content/dam/oliver-wyman/v2-de/publications/2018/Feb/Digital_DAX_final.pdf

Dieter Zetsches ironischer Gruß an das LinkedIn-Team findet sich hier:

- https://www.linkedin.com/feed/update/urn:li:activity:6334062081154772992

Ryan Holmes, CEO von Hootsuite, beschreibt in seinem lesenswerten Kommentar »Eine Welt ohne Follower, Likes und Hasskommentare« vom 09.07.2019, wie man den Ursprungsgedanken von Social Media zurückgewinnt:

- https://www.lead-digital.de/eine-welt-ohne-follower-likes-und-hasskommentare/

Interessant dazu auch:

- https://www.wired.com/story/instagram-hiding-likes-adam-mosseri-tracee-ellis-ross-wired25/?utm_campaign=wired&utm_medium=social&utm_social-type=owned&utm_brand=wired&utm_source=twitter&mbid=social_twitter

- https://www.basicthinking.de/blog/2019/09/30/private-facebook-likes/
- https://www.welt.de/kultur/article169470443/Der-Erfinder-des-Like-Buttons-bereut-alles.html

Mehr Infos zum Umbau von Facebook zum personalisierten Medienkanal bietet der Beitrag »Facebook baut Newsfeed um« der Stuttgarter Zeitung vom 08.03.2013:

- https://www.stuttgarter-zeitung.de/inhalt.mehr-platz-fuer-bilder-facebook-baut-newsfeed-um.46f93347-2951-44ee-8952-499a88a0f7da.html

Zur Diskussion des Werts von Social Proof und der Unsitte, Follower zu kaufen, empfehle ich den Beitrag von Mark Schaefer:

- Mark Schaefer: Social Proof and the Business Case for Buying Fake Followers, https://businessesgrow.com/2018/01/29/fake-followers/

Die Studie der Content-Plattform Olapic zeigt, wie Influencer ihre Follower zum Handeln bewegen:

- https://www.olapic.com/resources/consumer-research-psychology-following-whitepaper-s1cp/

Zu der Studie vgl. auch:

- Riaz, Nadia (2018): Die Psychologie hinter dem Influencer Marketing, W&V online, 05.01.2018, https://www.wuv.de/digital/die_psychologie_hinter_dem_influencer_marketing

Zur Löschung von Fake-Profilen auf Facebook vgl.:

- https://t3n.de/news/facebook-loescht-219-milliarden-fake-accounts-1166254/

Die lesenswerte Studie der New York Times zur Frage, was Menschen dazu bringt, Inhalte zu teilen, ist leider nicht mehr im Netz. Es gibt aber noch Zusammenfassungen und Slides zu den Ergebnissen:

- https://foundationinc.co/lab/psychology-sharing-content-online/

Zur Rolle der Influencer im B2B-Marketing:

- Lewanczik, Niklas (2018): Influencer im B2B-Marketing, in: Online-Marketing.de, https://onlinemarketing.de/news/influencer-b2b-marketing-kunden-youtuber

Für die Beschäftigung mit der Generation Z empfehle ich die Studie »Reality Bytes: The Digital Experience is the Human Experience« des Center for Generational Kinetics in Austin/Texas aus dem Jahr 2018. Mehr dazu unter:

- https://www.businesswire.com/news/home/20190129005920/en/Reality-Bytes-Annual-Generational-Study-Reveals-Gen

Allianz-Chef Oliver Bäte hat über seine Erfahrungen mit Instagram am 24.05.2019 für das Magazin »ada« der Handelsblatt Group geschrieben:

- https://www.handelsblatt.com/meinung/gastbeitraege/gastbeitrag-von-oliver-baete-warum-ich-als-einziger-dax-ceo-auf-instagram-bin/24378326.html?ticket=ST-74352855-WTE1WeXsUwvRzWBZ0Vyd-ap3

Mehr über das Employee Branding bei TUI:

- https://www.tuigroup.com/de-de/medien/storys/2019/2019-08-01-blick-hinter-die-kulissen-linkedin

8. No Risk, No Influence: Wie Sie souverän auf Kritik reagieren

Die Nutzerzahlen von Facebook stammen von Brandwatch:

- https://www.brandwatch.com/de/blog/facebook-statistiken/

Zur Historie des Shitstorm-Begriffs:

- https://www.hna.de/netzwelt/shitstorm-bedeutung-begriffs-40er-jahre-zr-2881921.html

Quelle des Zitats des Publizisten Johannes Gross:
- Johannes Gross: Phänomenologie des Skandals, in: Merkur, 19. Jg., Heft 205 (1965), S. 400

Vielen Anregungen zur Phänomenologie des Skandals in diesem Kapitel verdanke ich Bernhard Pörksen:
- Bernhard Pörksen: Die große Gereiztheit. Wege aus der kollektiven Erregung, Carl Hanser Verlag, München 2018

Zu Dolce & Gabbanas Shitstorm in China:
- Handelsblatt, 22.11.2018: Chinesische Händler listen nach Shitstorm Dolce & Gabbana aus, https://www.handelsblatt.com/unternehmen/handel-konsumgueter/rassismus-skandal-chinesische-haendler-listen-nach-shitstorm-dolce-und-gabbana-aus/23670194.html
- https://www.n-tv.de/wirtschaft/China-laesst-Dolce-Gabbana-leiden-article20893889.html

Zetsches Krisenbewältigung auf LinkedIn:
- https://www.linkedin.com/pulse/die-aktuelle-lage-dieter-zetsche/?trk=mp-reader-card
- Vgl. dazu auch https://meedia.de/2017/07/26/erst-mal-sommerferien-wie-daimler-ceo-zetsche-mit-frechen-phrasen-den-kartell-skandal-kleinredet/ und
- Bilanz 22.06.2017: »Dieter Zetsche ist der beliebteste Chef Deutschlands«, https://www.welt.de/wirtschaft/bilanz/article165802561/Dieter-Zetsche-ist-der-beliebteste-Chef-Deutschlands.html

Zur Verena-Bahlsen-Debatte:
- https://youtu.be/TauCu0aJ5Vs
- Bild Online, 15.05.2019, https://www.bild.de/geld/wirtschaft/wirtschaft/keks-imperium-bahlsen-verklaert-eigene-rolle-waehrend-ns-zeit-61925824.bild.html

Alle Zitate Satya Nadellas in diesem Kapitel stammen aus:
- Satya Nadella: Hit Refresh. Wie Microsoft sich neu erfunden hat und die Zukunft verändert. Plassen Verlag, Kulmbach 2018

9. Leading across Cultures: Wie Sie die eigene Marke über Länder-, Kultur- und Generationengrenzen hinweg ausbauen
Über die Tweets Joe Kaesers über Trump:
- »Siemens-Chef über Trump: ›Gesicht von Rassismus und Ausgrenzung‹, in: SZ Online, 20.07.2019, https://www.sueddeutsche.de/wirtschaft/trump-kaeser-merkel-1.4532992
- https://www.zeit.de/wirtschaft/2018-01/donald-trump-davos-siemens-bayer-5vor8
- https://www.welt.de/wirtschaft/bilanz/article172931185/Joe-Kaeser-Trumps-grosser-Huldiger-in-Davos.html

Zu Chinas Menschenrechtsverletzungen:
- https://www.spiegel.de/politik/ausland/uiguren-in-xinjiang-china-soll-systematisch-muslimische-familien-trennen-a-1275964.html

Zur Kritik an VW-Chef Diess:
- https://www.bbc.com/news/av/business-47944767/vw-boss-not-aware-of-china-s-detention-camps
- Tagesschau.de: »Kritik an VW-Chef Diess. Ahnungslos beim Thema Menschenrechte, https://www.tagesschau.de/ausland/vw-uiguren-101.html
- https://www.volkswagenag.com/de/news/stories/2019/10/china_s-development-is-impressive.html
- https://www.washingtonpost.com/opinions/global-opinions/how-could-volkswagens-ceo-not-know-about-chinas-repression-of-muslims/2019/04/19/42dfd318-6132-11e9-9ff2-abc984dc9eec_story.html (eigene Übersetzung des Zitats)

- Adrian Zenz: Stellungnahme zu den Fragen der CDU/CSU Fraktion für die 30. Sitzung des Ausschusses für Menschenrechte und humanitäre Hilfe des Deutschen Bundestages, 26.04.2019, Ausschussdrucksache 19(17)54
- Außerdem: Handelsblatt, 16.11.2018: https://www.handelsblatt.com/unternehmen/industrie/aufstieg-eines-autokraten-wie-vw-chef-diess-den-autokonzern-mit-aller-macht-umbaut/23637756.html

Georg Simmels lesenswerter »Exkurs über den Fremden« findet sich in seiner »Soziologie«:
- Georg Simmel: Soziologie. Untersuchungen über die Formen der Vergesellschaftung, Gesamtausgabe Band 11, hrsg. v. Otthein Rammstedt, Suhrkamp Verlag, Frankfurt am Main 1995 (2. Aufl.), S. 764–771

Zu Bill McDermott:
- SAP's CEO on Being the American Head of a German Multinational, Harvard Business Revue November 2016, S. 35–38

Zur Zahl ausländischer Dax-Vorstände:
- Pressemitteilung von Simon Kucher & Partners vom 04.07.2019, https://www.simon-kucher.com/de/about/media-center/so-viele-auslaendische-dax30-vorstaende-wie-nie-zuvor

Zu Benno Dorer:
- https://www.faz.net/-gym-8zj4e (zuletzt aktualisiert am 02.10.2019)
- https://www.ceoaction.com
- https://www.thecloroxcompany.com/blog/clorox-ceo-benno-dorer-on-fostering-a-culture-of-inclusion/

Alle Zitate Satya Nadellas stammen aus:
- Satya Nadella: Hit Refresh. Wie Microsoft sich neu erfunden hat und die Zukunft verändert. Plassen Verlag, Kulmbach 2018
- Außerdem: https://knowledge.wharton.upenn.edu/article/microsofts-ceo-on-how-empathy-sparks-innovation/

Zu Unternehmenskultur und Diversität:
- Hernstein Management Report, 3. Report 2019: Unternehmenskultur und Diversität, S. 7
- Tweet von Jon Erlichman: https://twitter.com/jonerlichman/status/1179465013058293765?s=12

Studie zur Empathie:
- State of Workplace Empathy 2019, businessolver, DesMoines 2019 Tim Cooks MIT's 2017 commencement address, 09.06.2017, https://qz.com/1002570/watch-live-apple-ceo-tim-cook-delivers-mits-2017-commencement-speech/ (Zitat wiedergegeben in eigener Übersetzung)

Die dreiteilige Definition des Begriffs »Empathie« habe ich dem inspirierenden Buch von Jamil Zaki entnommen:
- Jamil Zaki: The war for Kindness. Building the Empathy in a Fractured World, Crown Verlag, New York 2019

Vgl. zum effektiven Altruismus:
- Peter Singer: Effektiver Altruismus. Eine Anleitung zum ethischen Leben, Suhrkamp Verlag, Frankfurt am Main 2015

10. The Giving Mindset: Warum Großzügigkeit Leadership voranbringt
Über Janina Kugel:
- https://www.manager-magazin.de/unternehmen/industrie/siemens-fuehrungsstil-von-joe-kaeser-nach-abgang-janina-kugel-in-kritik-a-1279939.html

- https://www.manager-magazin.de/premium/
  janina-kugel-siemens-vorstaendin-wird-topfrau-
  2018-a-00000000-0002-0001-0000-000161442726
- https://www.faz.net/aktuell/wirtschaft/unternehmen/siemens-
  personalchefin-janina-kugel-im-haertetest-15288181.html

Zu ihrem ersten Platz in der Liste der einflussreichsten Frauen der deutschen
Wirtschaft:

- https://www.manager-magazin.de/unternehmen/industrie/janina-kugel-
  wird-prima-inter-pares-der-top-frauen-der-wirtschaft-a-1244829.html

Janina Kugels Zitat zur Führung im digitalen Wandel stammt aus ihrem
LinkedIn-Beitrag »Digitale Transformation und die Rolle des Menschen« vom
15.06.2018:

- https://www.linkedin.com/pulse/digitale-transformation-und-die-rolle-
  des-menschen-janina-kugel/

Zu Mary Barras 2-Word-Dress-Code:

- https://qz.com/work/1242801/gms-dress-code-is-only-two-words/

Zu Positive Leadership:

- Markus Ebner: Positive Leadership. Erfolgreich führen mit PERMA-
  Lead: die fünf Schlüssel zur High-Performance. Facultas Verlag, Wien
  2019, S. 16 f.

Als Inspiration für Business Leader empfehle ich:

- Ben Horowitz: What You do is Who You are. William Collins, London
  2019

Zitat von Satya Nadella aus:

- Satya Nadella: Hit Refresh. Wie Microsoft sich neu erfunden hat und die
  Zukunft verändert. Plassen Verlag, Kulmbach 2018, S. 50

Personenverzeichnis

Die Autorin

Oxana Zeitler ist Markenstrategin und Expertin für Personal Branding und digitale Kommunikation. Als Unternehmerin und Gründerin der vision2brand Managementberatung (Berlin) berät sie mit ihrem Team namhafte CEOs und Topmanager führender Unternehmen. Dazu nutzt sie ihre langjährige Erfahrung in der Integration digitaler Technologien und der Umsetzung von Kommunikationsstrategien in internationalen Konzernen. Ihr CEO-Branding-Ansatz hilft Topmanagern, unternehmerische Entscheidungen gezielt auf gesellschaftliche Trends und strategisch ausgerichtetes Reputationsmanagement abzustimmen: **Great brands are made!**